知味

寻味历史

食在清朝

文美容 编著

北方联合出版传媒(集团)股份有限公司
万卷出版公司

图书在版编目（CIP）数据

食在清朝 / 文美容编著. —沈阳：万卷出版公司，2021.1（2022.11重印）
（寻味历史）
ISBN 978-7-5470-5525-0

Ⅰ. ①食… Ⅱ. ①文… Ⅲ. ①饮食—文化史—中国—清代②中国历史—清代—通俗读物 Ⅳ. ①TS971.2 ②K249.09

中国版本图书馆CIP数据核字（2020）第213779号

出 品 人：王维良
出版发行：北方联合出版传媒（集团）股份有限公司
万卷出版公司
（地址：沈阳市和平区十一纬路25号 邮编：110003）
印 刷 者：辽宁新华印务有限公司
经 销 者：全国新华书店
幅面尺寸：145mm × 210mm
字 数：250千字
印 张：10
出版时间：2021年1月第1版
印刷时间：2022年11月第4次印刷
责任编辑：张洋洋
责任校对：高 辉
装帧设计：马婧莎
ISBN 978-7-5470-5525-0
定 价：39.80元
联系电话：024-23284090
传 真：024-23284448

目录

清宫食事

宫廷日常膳食

清宫日用：食物按“职级”分配

宫廷饮食不仅仅是日常吃喝，还是清代“礼”制的一个重要组成部分。清宫皇室成员上自皇太后下至乳母，日常食物的配发都有定例，这体现了清代宫廷严格的等级制度。不过，这些日用食材只是每日的最低供应标准，皇帝随时都可以根据自己的喜好和与某位皇室成员关系的亲疏再添加食物。猪肉几乎在每个等级的皇室成员份例中都有，而且在份例中列在首位。清宫吃猪肉的习惯也影响了清代社会中下层。

清代宫廷还要在每月初一用时鲜食品祭祀祖先，这也有定例。古人讲究“事死如事生”，皇帝、后妃们去世后葬入地宫，帝陵里的“膳食”也要安排上，饽饽桌、膳桌、果桌，面点、佳肴、汤类、果品必不可少，皇家排场还是要有。

日用

皇太后 猪一口（盘肉用，重五十斤）、羊一只、鸡鸭各一只、新粳米二升、黄老米一升五合、高丽江米三升、粳米粉三斤、白面五一斤、荞麦面一斤、麦子粉一斤、豌豆折三合、芝麻一合五勺、白糖二斤一两五钱、盆糖八两、蜂蜜八两、核桃仁四两、松仁二钱、枸杞四两、晒干枣十两、猪肉十二斤、香油三斤十两、鸡蛋二十个、面筋一斤八两、豆腐二斤、粉锅渣一斤、甜酱二斤十二两、清酱二两、醋五两、鲜菜十五斤、茄子二十个、王瓜二十条、白蜡七支（内一支重五两，三支各重三两，三支各重一两五钱）、黄蜡二支（各重一两五钱）、羊油蜡二十支（各重一两五钱）、羊油更蜡一支（夏重五两，冬重十两）、红箩炭（夏二十斤，冬四十斤）、黑炭（夏四十斤，冬八十斤）。

皇后 猪肉十六斤、（盘肉）羊肉一盘、鸡鸭各一只、新粳米一升八合、黄老米一升三合五勺、高丽江米一升五合、粳米粉一斤八两、白面七斤八两、麦子粉八两、豌豆折三合、白糖一斤、盆糖四两、蜂蜜四两、核桃仁二两、松仁一钱、枸杞二两、晒干枣五两、猪肉九斤、猪油一斤、香油一斤六两、鸡蛋十个、面筋十二两、豆腐一斤八两、粉锅渣一斤、甜酱一斤六两五钱、清酱一两、醋二两五钱、鲜菜十五斤、茄子二十个、王瓜二十条、白蜡五支（内一支重三两，四支各重一两五钱）、黄蜡四支（各重一两五钱）、羊油蜡十支（各重一两五钱）、羊油更蜡一支

（夏重五两，冬重十两）、红箩炭（夏十斤，冬二十斤）、黑炭（夏三十斤，冬六十斤）。

皇贵妃 猪肉十二斤、羊肉一盘、鸡一只（或鸭一只）、陈粳米一升五合、白面五斤、白糖五两、核桃仁一两、黑炭（夏三十斤，冬六十斤）、六安茶叶十四两（每月）、天池茶叶八两（每月）。

贵妃 猪肉九斤八两、陈粳米一升三合五勺、白面三斤八两、白糖三两、核桃仁一两、晒干枣一两六钱、香油六两、鸡蛋四个、面筋四两、豆腐一斤八两、粉锅渣八两、甜酱六两五钱、清酱八钱、醋二两五钱、鲜菜十斤、茄子八个、王瓜八条、白蜡二支（各重一两五钱）、黄蜡二支（各重一两五钱）、羊油蜡五支（各重一两五钱）、红箩炭（夏十斤，冬十五斤）、黑炭（夏三十斤，冬六十斤）、鸡鸭共十五只（每月）、六安茶叶十四两（每月）、天池茶叶八两（每月）、羊肉十五盘（每月）。

妃 猪肉九斤、陈粳米一升三合五勺、白面三斤八两、白糖三两、核桃仁一两、晒干枣一两六钱、香油六两、豆腐一斤八两、粉锅渣八两、甜酱六两五钱、醋二两五钱、鲜菜十斤、茄子八个、王瓜八条、白蜡二支（各重一两五钱）、黄蜡二支（各重一两五钱）、羊油蜡五支（各重一两五钱）、红箩炭（夏五斤，冬十斤）、黑炭（夏二十五斤，冬四十斤）、鸡鸭共十只（每月）、羊肉十五盘（每月）、六安茶叶十四两（每月）、天池茶叶八两（每月）。

嫔 猪肉六斤八两、陈粳米一升三合、白面二斤、白糖二两、香油五两五钱、豆腐一斤八两、粉锅渣八两、甜酱六两、醋二两、鲜菜八斤、茄子六个、王瓜六条、白蜡二支（各重一两五钱）、黄蜡二支（各重一两五钱）、羊油蜡二支（各重一两五钱）、红箩炭（夏五斤冬八斤）、黑炭（夏二十斤，冬三十斤）、鸡鸭共十只（每月）、羊肉十五盘（每月）、六安茶叶十四两（每月）、天池茶叶八两（每月）。

贵人 猪肉六斤、陈粳米一升二合、白面二斤、白糖二两、香油三两五钱、豆腐一斤八两、粉锅渣八两、甜酱六两、醋二两、鲜菜六斤、茄子六个、王瓜六条、白蜡一支（重一两五钱）、黄蜡一支（重一两五钱）、羊油蜡三支（各重一两五钱）、红箩炭（冬五斤）、黑炭（夏十八斤，冬二十五斤）、鸡鸭共八只（每月）、羊肉十五盘（每月）、六安茶叶七两（每月）、天池茶叶四两（每月）。

常在 猪肉五斤、陈粳米一升二合、白面二斤、白糖二两、香油三两五钱、豆腐一斤八两、粉锅渣八两、甜酱六两、醋二两、鲜菜六斤、茄子六个、王瓜六条、黄蜡二支（各重一两五钱）、羊油蜡一支（重一两五钱）、黑炭（夏十斤，冬二十斤）、鸡鸭共五只（每月）、羊肉十五盘（每月）。

答应 猪肉一斤八两、陈粳米九合、随时鲜菜二斤、黄蜡一支（重一两五钱）、羊油蜡一支（重一两五钱）、黑炭（夏五斤，冬十斤）。

皇子福晋 猪肉二十斤、陈粳米一升二合、老米六合、红小豆六合、白面八斤、怀曲一钱五分、绿豆粉二两、芝麻六合、澄沙六合、白糖一斤、香油一斤五两五钱、鸡蛋五个、面筋八两、豆腐一斤、豆腐皮三张、粉锅渣二斤八两、水粉三两、豆瓣四两、绿豆芽四两、麻菇一两、木耳五钱、甜酱一斤、清酱八两、醋四两、白盐四两、酱瓜一片半、酱茄半枚、酱苤蓝半枚、花椒五分、大料五分、姜五钱、鲜菜五斤、白蜡一支（重一两五钱）、黄蜡六支（各重一两五钱）、羊油蜡十支（各重一两五钱）、羊油更蜡一支（夏重五两，冬重十两）、红箩炭（夏五斤，冬十斤）、黑炭（夏三十斤，冬七十斤）、羊肉十五盘（每月）。

皇子侧室福晋 猪肉十斤、陈粳米九合、老米一合、白面二斤八两、怀曲五分、绿豆粉一两、芝麻一合、澄沙二合、白糖四两、香油七两、鸡蛋三个、面筋四两、豆腐八两、豆腐皮一张、粉锅渣十三两、水粉一两、豆瓣一两五钱、绿豆芽一两五钱、麻菇八钱、木耳三钱、甜酱五两五钱、清酱二两五钱、醋一两五钱、白盐三钱、酱瓜一片半、花椒二分、大料二分、姜二钱、鲜菜三斤、黄蜡一支（重一两五钱）、羊油蜡二支（各重一两五钱）、黑炭（夏十斤，冬十八斤）、羊肉十五盘（每月）。

官女子 猪肉一斤、白老米七合五勺、黑盐三钱、随时鲜菜十二两。

家下家女 白老米七合五勺、随时鲜菜十两、黑盐三钱。

乳姆（保姆同） 猪肉一斤、老米七合五勺、随时鲜菜十二

两、黑盐三钱。(《国朝宫史》)

皇帝每日分例

盘肉二十二斤，汤肉五斤，猪油一斤，羊两只，鸡五只（其中当年鸡三只），鸭三只，白菜、菠菜、香菜、芹菜、韭菜等共十九斤，大萝卜、水萝卜、胡萝卜共六十个，包瓜、冬瓜各一个，苤蓝、干蕹菜各六斤[1]，葱六斤，玉泉酒四两，酱和清酱各三斤，醋二斤。早晚随膳饽饽八盘[2]，每盘三十个。(《大清会典》)

【注释】

①蕹（wèng）菜：即空心菜。

②饽饽：中国北方对干粮、糕点等糕饼之类面食的统称。

清宫荐新

其月朔荐新[1]，正月鲤鱼、青韭、鸭卵，二月莴苣、菠菜、小葱、芹菜、鳜鱼，三月王瓜、蒌蒿[2]、芸薹、茼蒿、萝卜，四月樱桃、茄子、雏鸡，五月桃、杏、李、桑葚、蕨香、瓜子、鹅，六月杜梨、西瓜、葡萄、苹果，七月梨、莲子、菱、藕、榛仁、野鸡，八月山药、栗实、野鸭，九月柿、雁，十月松仁、软枣、蘑菇、木耳，十一月银鱼、鹿肉，十二月蓼芽、绿豆芽、兔、蟫蝗鱼。其豌豆、大麦、文官果诸鲜品，或廷旨特荐者，随时内监献之。(《清史稿》)

【注释】

①月朔：每月初一。荐新：古代一种祭祀礼仪，以时鲜的食品祭献。清沿明制，按月将所产时新食物供奉于奉先殿。

②蒌芮：应为“蒌蒿”。

帝陵“御膳”

饽饽桌应供祭品：

鹅蛋一碗、鸭蛋一碗、鸡蛋一碗、奶皮一碗、鱼儿饽饽一碗、江米糕一碗、黄米糕一碗、寸麻花一碗、江豆条一碗、蜂蜜印子二盘、炸勒克一盘、烙勒克一盘、沙糖印子二盘、鸡蛋印子一盘、鸡蛋鲁酥一盘、七星饼一盘、鸡蛋糕一盘、红馅梅花酥一盘、黄馅梅花酥一盘、白薄烧饼二盘、鸡蛋薄烧饼一盘、炸高丽饼一盘、红馅赶皮一盘、黄馅赶皮一盘、果馅厚酥饽饽二盘、糖酥饼二盘、红馓枝一盘、白馓枝一盘、芝麻烧饼二盘、大麻花一盘、小红麻花一盘、小白麻花一盘、枸奶子糕一盘、山葡萄糕一盘、奶皮花糕一盘、小菊花饽饽一盘、奶干糕一盘、山梨面糕一盘、英莓面糕一盘、白奶糕一盘。干鲜果十八盘碗。

右六十五盘碗饽饽桌样色。其余减数饽饽桌张，由此样色之内以次递减。

膳桌应供祭品：

熟牛肉一方、熟羊肉一盘、烧野鸡一盘、烧羊胸一盘、鲜鱼一盘、鲀鱼一盘、蕨菜一盘、蘑菇一盘、野鸡肉丝汤一碗、饭一碗、粉汤一碗、羊肉丝汤一碗、酸奶子一碗、芥茉菜一碗、青酱瓜一碟、咸菜一碟、酱梢瓜一碟、青酱一碟。

右十八盘碗膳桌样色，其十七样膳桌照此减去熟羊肉一盘。其十四样膳桌再减去粉汤、羊肉丝汤、酸奶子三样。

果桌应供祭品：

苹果、红梨、黄梨、棠梨、柿子、鲜葡萄、槟子、红李、黄李、沙果、樱桃、西葡萄、冰糖、龙眼、荔枝、柿饼、红枣、八宝糖、胶枣、桃仁、榛仁、松仁、栗子、山里红、乌梨、大占、江米糖、桃杏。

右果品二十九样随时更换。

各祭所需牲醴、米面、糖、乳、油、菜蔬、果品，俱系奉祀礼部承办。前期送交茶、膳、饽饽各房，以备应用，均有定额。(《昌瑞山万年统志》)

清宫贡品

清宫日用涉及方方面面，皇室的日常开销是普通人无法想象的，上述清宫膳食的诸多食材来自何方？很多人马上会想到朝贡。清代内务府负责皇室生活事务，内务府则例规定了全国各地要上贡的物品，皇帝吃的当然要是最好的，各地上贡的都是当地最有特色的美味。

各处岁例进贡膳用品：

盛京 鱼肚、炙鱼、鲤鱼、扁花鱼、花鲟鱼[①]、白鱼、腌鱼、獐、狍、鲜鹿、鹿肉、干腌鹿、干鹿筋、各种鹿味、熊、野猪、腊猪、东鹅[②]、东鸭、东鸡、树鸡、野鸡、虾油、山菜、山葱、韭菜子；

吉林 鲟鳇鱼、白鱼、鲫鱼、炸鱼、细鹿条、晾鹿肉、鹿尾、野猪、野鸡；

黑龙江 赭鲈鱼[③]、细鳞鱼、野猪、野鸡、树鸡、白面；

湖北 香莘；

山西 银盘蘑；

四川 茶菇、笋把；

湖南 笋片；

广东 南华菇；

广西 葛仙米；

福建 番薯；

河东[④] 小菜；

湖广 蛏干、银鱼、干木耳、虾米；

安徽 琴笋、青螺、问政笋[⑤]；

杭州 小菜、糟小菜、豆豉、糟鹅蛋、糟鸭蛋、笋尖、冬笋；

江西 石耳；

江苏 各色小菜；

山东　鱼翅、万年青；

两淮　风猪肉；

五台　台蘑；

打牲乌拉[6]　燕窝、鲟鳇鱼、鱼条、炸赭鲈鱼、鳟鱼、茶腿、冬笋、板鸭、小菜等；

张家口外马群总管[7]　乳酒；

蒙古王、额驸、台吉等[8]　乳油、乳酒、熏猪；

王多罗树打牲人丁[9]　鹿肉干。(《钦定总管内务府现行则例》)

【注释】

①鲚：鳜鱼。

②东鹅：产于东北地区的鹅，东鸭、东鸡等同义。东北还有东珠，极为珍贵。

③赭：红褐色。

④河东：唐代以后泛指山西，因在黄河以东，故称。

⑤问政笋：安徽歙县问政山所出产的竹笋。《歙县志》载："春笋以问政山为冠，红箨（笋壳）白肉，落地即碎。"

⑥打牲乌拉：在今天的吉林市龙潭区乌拉街满族镇，顺治年间成立打牲乌拉总管衙门，隶属内务府，是清朝独一无二的特殊机构，主要任务是采捕贡品、进贡。打牲，即捕杀猎物。乌拉为满语，意为"江"。

⑦张家口外马群总管：清代设置张家口外群牧处，掌管牛

羊群及其放牧事务。

⑧蒙古王：蒙古藩王。额驸：驸马。清代公主、郡主等的配偶称额驸。台吉：清代蒙古王公爵位名号。

⑨王多罗树：地名，在沈阳城外。

冬笋、银鱼

十月间，冬笋、银鱼之初到京者，由崇文门监督照例呈进，与三月黄花鱼同。

每至十二月，分赏王大臣等狍鹿。届时由内务府知照，自行领取。三品以下不预也。(《燕京岁时记》)

清宫习俗

《燕京岁时记》是一部记叙清代北京岁时风俗的杂记，作者富察敦崇，满族人。该书按一年四季节令顺序，杂记清代北京风俗、游览、物产、技艺等，其中有不少涉及宫廷饮食的记载。清宫接受各地贡品，也要赏赐吃食给大臣，夏天还要赏冰。雍和宫熬粥、宫廷小年用黄羊祭灶则是清宫节日习俗。

赐　冰

京师自暑伏日起至立秋日止，各衙门例有赐冰。届时由工部颁给冰票，自行领取，多寡不同，各有等差。

雍和宫熬粥

雍和宫喇嘛于初八日夜内熬粥供佛[①]，特派大臣监视，以昭诚敬。其粥锅之大，可容数石米。

【注释】

①雍和宫：雍正帝即位前的王府，后改为喇嘛庙。

祭　灶

二十三日祭灶，古用黄羊，近闻内廷尚用之，民间不见用也。民间祭灶唯用南糖、关东糖、糖饼及清水草豆而已。糖者所以祀神也，清水草豆者所以祀神马也。祭毕之后，将神像揭下，与千张、元宝等一并焚之。至除夕接神时，再行供奉。是日鞭炮极多，俗谓之小年下。

康熙赐美食慰问

康熙三十六年（1697），大将军伯费扬古在平定噶尔丹途中因血气亏损而腰胯疼痛不能起立，康熙得知后，连发上谕，又派医生又送食物。这些食物的选用是费了心思的，都是塞外不常见的主食、肉类、蔬菜，既有处理好的熟食和酸黄瓜、酸萝卜、腌芥菜，也有西北军营稀缺的新鲜黄瓜、萝卜等蔬菜。康熙的关心和细心让费扬古倍加感动，或许这也是激励费扬古战胜敌军的动力之一。

费扬古又一疏曰[①]：今又以臣病之故，特赐手书温旨，赐以盐腌两种，毚肉、生豚、盐腌鹿肉两种、鹿尾、醉鲥鱼、包瓜、酸王瓜菜、菔腌菜、芥菜、鲜王瓜菜、菔鲜菜、菔菜、小米、稻米诸物。(《亲征平定朔漠方略》)

【注释】

①费扬古：董鄂氏，康熙朝名将，顺治帝董鄂妃之弟。平三藩、破噶尔丹有功。

康熙爱喝葡萄酒

康熙四十七年（1708），康熙第十八子夭折，不久他又废黜了培养三十多年的太子。康熙精神上接连受创，心神耗损，出现心悸症状。在治疗过程中，传教士专为康熙配制的胭脂红酒起了作用，止住了康熙的心悸。康熙比较注重养生，本来不爱喝酒，但自此，康熙喜欢上了红酒，把它当药酒来喝，还派人四处搜寻。

前者朕体违和，伊等跪奏西洋上品葡萄酒乃大补之物，高年饮此，如婴儿服人乳之力。谆谆泣陈，求朕进此，必然有益。朕鉴其诚，即准所奏，每日进葡萄酒几次，甚觉有益，饮膳亦加。今每日竟进数次，朕体已大安。（《正教奉褒》）

雍正撤减御膳

雍正三年（1725）四月，雍正给负责御膳的内务府发上谕，说今年京城附近虽然雨水充足，但是山东、河南还没下雨，所以要撤减御膳。清代的主导经济仍然是农业，而四月的雨水对于粮食作物的收成至关重要，山东、河南又是人口大省，一旦干旱的时间过长，当地百姓就要挨饿。雍正一来是想向上天表示诚心，二来是想表示对百姓的体恤。

上谕内务府[①]：今年京城附近地方虽雨水霑足[②]，然山东河南两省尚未得雨。进膳肴羞宜为撤减，着每日只用菜蔬二器、饼饵二器、满菜二器、用榼盛贮进御[③]，余物一概不用。（《世宗宪皇帝圣训》）

【注释】

①内务府：全称“总管内务府”，是清代掌管皇家事务的最高管理机构。始设于清初。下设七司三院：广储司、都虞司、掌仪司、会计司、庆丰司、营造司、慎刑司、上驷院、武备院、

奉宸苑，其职能与国家机构中的六部相对应。另有分支机构一百三十余处。

②霑足：雨水充分浸润土壤。

③榼（kē）：本义指古代盛酒的器具，后泛指盒一类的器物。

一粒米不可轻弃

雍正五年十月二十四日，上谕：朕从前不时教训，上天降生五谷，养育众生，人生赖以活命，就是一粒亦不可轻弃。即如尔等太监煮饭时，将米少下，宁使少有不足，切不可多煮，以致余剩抛弃沟中，不知爱惜。朕屡屡传过，非止一次，恐日久懈怠。尔总管等再行严传各处首领、太监，见有米粟饭粒，即当拣起。如此不但仰体朕惜福之意，即尔等亦免暴殄天物。应不时查拏，如有轻弃米谷者，无论首领、太监，重责四十板。如尔等仍前纵容，经朕察出，将尔总管一体重责。（《国朝宫史》）

（雍正二年六月）谕膳房：凡粥饭及肴馔等类，食毕有余者，切不可抛弃沟渠。或与服役下人食之。人不可食者，则哺猫犬。再不可用，则晒干以饲禽鸟。（《世宗宪皇帝圣训》）

世宗宪皇帝时[①]，廷玉日直内廷[②]，上进膳，当承命侍食。见上于饭颗饼屑，未尝弃置纤毫。每宴见臣工，必以珍惜五谷、暴殄天物为戒。（《澄怀园语》）

【注释】

①世宗宪皇帝：雍正皇帝庙号世宗，谥号简称“宪皇帝”。

②廷玉：张廷玉，字衡臣，号砚斋，安徽桐城人。仕康雍乾三朝。雍正朝历任礼部尚书、户部尚书、吏部尚书，拜保和殿大学士（内阁首辅），被雍正帝视为“股肱”之臣。《澄怀园语》是张廷玉修身处世、齐家为政的经验总结。直，即“值”。

怡亲王生日：加肉

清宫《御茶膳房》档案创自雍正，主要包括膳单和行文底档。膳单记录皇帝每日膳食和皇太后以下宫中膳食，行文底档记录皇帝赏赐筵席及各类膳事用料等。膳单是御膳房拟定皇帝每日膳食的依据，用后留存即膳底档。雍正时期的膳底档还比较简单随意，同一份膳单不仅记录皇帝、后妃、亲王皇子等“主子”、太监等“奴才”的吃食，还有宫中萌宠的狗粮，猪、牛、羊、鸡、鸭等是主要食材。

本书选取两段雍正给各皇室成员在分例之外加肉的记录，以让读者了解大概，也可与雍正之后诸帝的膳单做对比。

初一日[1]，万岁、皇后、妃分例以外添：五十斤猪一口半、猪肉五十七斤、小猪六口、鹅八只、鸭五只、鸡三十六只、笋鸡二十只，一次；

赏怡亲王饭棹添[2]：猪肉一百零二斤、鸭二十七只、鸡二十八只、文蹄十八只，一次；念经喇嘛饭食添猪肉十斤，一次；

兆祥所阿哥等添[3]：猪肉六斤、鸡一只半，一次；

二十二阿哥福金添猪肉五十斤[4]，鸭五只、鸡十五只半、文蹄十个半，一次；

宁寿宫妃、嫔、公主、格格、阿哥等位添[5]：猪肉六十二斤、鸡十五只，一次；

阿哥等往海子去添[6]：五十斤猪半口、猪肉二斤，一次；

跟随太监三十三名添：猪肉十六斤八两，一次；

宁寿宫皇贵妃等位用素，减五十斤猪肉三口、猪肉十六斤八两、小猪二口半、鸭一只、鸡二十九只、笋鸡一只，一次；

用祭奉先殿供减猪三十斤、牛肉五十斤，一次；

不跳神减萨满猪肉一斤八两，一次；

二十四阿哥俺答奇里减牛肉十二两[7]。

今日减起：五十斤猪八口半、猪肉四百零九斤十四两、小猪十口、鹅八只、鸭五十七只、鸡一百四十五只半、笋鸡三十四只、牛肉一百零二斤九两、文蹄二十八个。（《节次照常膳底档》）

【注释】

①初一日：雍正四年（1726）十月初一日。

②怡亲王：清圣祖康熙第十三子胤祥，生母敬敏皇贵妃章佳氏，生于康熙二十五年（1686）十月初一日。雍正即位，封胤祥为和硕怡亲王，世袭罔替。“棹”应为“桌”。

③兆祥所阿哥：疑为雍正第八子福惠，生母敦肃皇贵妃年氏（年羹尧之妹），生于康熙六十年（1721），雍正六年夭折，乾隆追封和硕怀亲王。

④二十二阿哥：康熙第二十二子恭勤贝勒允祜（hù），生于康熙五十年（1711），生母康熙谨嫔色赫图氏。福金，即福晋，清代亲王、世子、郡王之妻称福晋。

⑤宁寿宫：当时应为康熙妃嫔及年幼子女、孙子、孙女住所。

⑥阿哥等往海子去：阿哥指雍正第四子弘历、第五子弘昼。弘历即雍正之后的乾隆皇帝。弘昼，生母耿氏，乾隆尊为纯懿皇贵妃，乾隆即位封弘昼为和亲王。下文雍正六年（1728）四月档案即写明是“四、五阿哥”。

⑦二十四阿哥：康熙第二十四子諴（xián）恪亲王允祕（bì），生于康熙五十五年（1716），母陈氏（雍正封为“皇考穆贵人”）。俺答：即谙达，满语，意为“友伴”“朋友”。

“汪主子”也要加肉

初七月[1]，万岁、皇后分例以外添：猪肉五斤、鹅一只、鸭二只、鸡四只、笋鸡五只，一次；

赏大学士田从典大人等饭食添[2]：猪肉二十斤八两、文蹄半个，一次；

喂狗添猪肉七斤，一次；

养心殿匠役二名添羊肉四两，一次；

亥日减：万岁分例五十斤猪一只，一次；

四、五阿哥在海子里住着添猪肉八斤，一次；

跟随人侍卫一名、太监三十名添猪肉八斤，一次；

哈哈珠塞十名添羊肉六斤四两[③]，一次；

（本日计用）五十斤猪十一口、猪肉一百八十二斤、小猪七口半、鹅乙只[④]、鸭十七只半、鸡四十七只半、笋鸡十只，羊肉一百三十三斤十一两、羊肝肠十五斤十两，文蹄半个。（《大建进膳底档》）

【注释】

①初七日：雍正六年（1728）四月初七。“初七月”应为“初七日”。

②田从典：明诸生，康熙二十七（1688）年进士，雍正三年（1725），授文华殿大学士，兼吏部尚书。六年三月，乞休，加太子太师致仕，赐宴于居第，四月，行至良乡病卒，谥文端。

③哈哈珠塞：满语，意为“伴读”。

④乙：一。

雍正：朕甚是喜好吃荔枝

雍正的父亲康熙曾明确说不喜欢吃荔枝，雍正则说很喜欢吃荔枝，看来雍正是真心喜欢。雍正时期，荔枝在北方还是稀罕物。南方的封疆大吏使出浑身解数将荔枝送到雍正面前：闽浙总督精选荔枝树，连根移植到大木桶中，悉心培养，再将已经结果的荔枝树装船，通过海运送到北京；在他之后的福建总督甚至给每棵树编号，派兵丁、花匠沿途护送、照顾，责任到人，保证荔枝的数量和质量。而在北方，一些被雍正倚重的大臣则将得到雍正赏赐的荔枝视为一种殊荣——虽然很多时候雍正赏赐大臣荔枝，都是以枚、瓶或罐论，但毕竟他们能分享皇帝喜欢的食物。

奏为恭谢天恩事，切臣偎以庸材叨兹重寄[①]，仰蒙知遇，叠荷恩施，兹于雍正元年七月二十七日，蒙皇上批回折子，赐臣鲜荔枝一罐于本月二十一日恭送到保，臣随出郊跪迎至署，望阙叩头谢恩祇受讫，钦遵圣谕，分颁守道桑成鼎巡道法敏[②]，各叨异数，即于臣署望北叩谢天恩。(《直隶巡抚李维钧奏谢恩赐鲜荔枝折》)

【注释】

①切：即“窃”。偎：即“猥”，谦辞。

②守道：明清时，掌管一省财政、民生的布政使下设左右参政、参议，驻守在某一地方，称为守道。又在主管一省刑法之事的按察使下设副使、佥事等，可去分巡某一地方，称为巡道。

太保公四川陕西总督臣年羹尧为恭谢天恩事

六月三十日……又蒙恩谕一道，并鲜荔枝四枚，臣敬谨开看，竟有一枚颜色香味丝毫不动，臣再东望九叩，默坐顶礼而后敢以入口也。(《年羹尧奏谢赏赐珐琅鼻烟壶新茶和鲜荔枝折》)

乾隆：食不厌精、脍不厌细

乾隆是清入关以后的第四位皇帝。曹丕曾说“三世长者知服食”，乾隆时期，宫中膳食已经形成制度。清宫膳单也日趋完备，不仅记录皇帝吃饭的时间、地点、菜品，连陪同用膳的人，摆膳用的桌子、餐具，菜品由谁所做都记录在册。只是这在当时毕竟只是御茶膳房的“小账”，所以记录的人文化水平不太高，时有错别字。

乾隆虽然是一个讲究享受的皇帝，但他登基后的第一个生日，却必须低调地过，因为他的父亲去世还不到一年。到了乾隆六十年（1795），乾隆马上要“内禅”，却在大年初一碰到日食，只能下旨说“不宜宴乐”。但六十年前生日时的膳单和用膳排场远不能与此时相比，比如肥鸡鸡冠肉单独做成一品热锅，这在普通人家简直无法想象。还有一个有意思的现象，就是乾隆也吃剩菜，可能是确实爱吃，也可能是继承雍正的俭朴作风，爱惜粮食。

乾隆生日：“寿意”满满

皇后等位伺候[①]；万岁爷早膳，伺候饭菜九桌，每桌十二品；羊肉二方一桌、糊猪肉二方一桌、盘肉八盘一桌、寿意蒸食炉食一桌、小食三桌六盒。

晚膳，伺候万岁爷同皇后贵妃等位重华宫进晚膳，用洋漆矮桌一张，摆寿意菜十二品、寿意点心四品（黄盘）、攒盘肉一品（金盘）、珐琅葵花盒小菜一品、金碟小菜二品；羊肉二方一桌、糊猪肉二方一桌、盘肉八盘一桌（金器）、寿意炉食蒸食十二盘一桌（七寸黄盘）、奶皮敖尔布哈十二品一桌，上用过，俱赏用。

随送饭菜二桌，每桌十二品（内寿意一品），白里黄碗菜一桌，绿龙黄碗菜一桌，寿意干湿点心四品、攒盘肉一品（银盘）。赏嬷嬷妈妈、南府首领小太监等[②]，饭菜十八盒，每盒四碗霁红碗菜、攒盘肉一盘。

晚膳毕，伺候上用小食一桌十五品（果子十品、饽饽五品），绿龙盘小食一桌十五品（果子十品、饽饽五品）。（《节次照常膳底档》）

【注释】

①乾隆元年（1736）八月十三日膳单，这一天是乾隆生日。皇后为乾隆原配孝贤纯皇后，沙济富察氏（满洲八大姓之一），名将傅恒之姐。孝贤生乾隆次子永琏（九岁夭折，谥端慧皇太子）、三女固伦和敬公主（嫁科尔沁辅国公色布腾巴勒珠尔，博尔济吉特氏）、七子永琮（两岁夭折，嘉庆追封哲亲王），另有乾隆长女，幼殇。

②南府：清代宫廷戏曲承应及管理机构，约设于康熙年间，道光帝改南府为升平署。

清宫端午节：乾隆“亲教宫娥”

五月初一[①]，伺候万岁爷早晚膳攒盘粽子两品（二号银碟）安膳桌赏用。早晚膳伺候备用粽子两桌，每桌八盘（共计三百八十八个粽子）。

初二、三、四三天与五月初一同。

五月初五，早膳伺候万岁爷攒盘粽子一品，伺候额食四桌，饽饽四桌，奶子八品。盘肉八盘一桌，粽子八盘一桌，粽子二方一桌（共计五百九十四个），晚膳伺候万岁爷攒盘粽子一品（三号银盘），安额食桌伺候粽子四盘。配奶皮敖尔布哈四盘，粽子两方一桌（共计五百零六个）。五月初一至初四，每日用粽子三百八十八个，初五用粽子一千一百个。五日共用粽子二千六百五十二个。（《节次照常膳底档》）

【注释】

①五月初一：乾隆十八年（1753）五月初一。

乾隆退休前：正月初一不宜宴乐

子正一刻十分[①]，请驾，万岁爷至等处拜佛毕[②]，圣人前、药王前拈香行礼毕，下台阶时下煮饽饽。

至乾清宫，上进奶茶毕，赏郭什哈昂邦、额驸等奶茶毕，驾至弘德殿。

寅初三刻，太监厄禄里传送万岁爷煮饽饽一品，用大吉宝案一桌一张，上安南小菜一品[③]，押万国咸宁[④]；糟笋小菜一品，押甲子重新；姜醋一品，押山子石（俱铜胎珐琅碟）：筷子押手布；手布押葫芦边。

安毕，首领杨进忠请大吉宝案一张，请至殿门口递与总管杜国选，请进殿内跪放在床上，首领张用请雕漆飞龙宴盒，内盛煮饽饽一品四个，内有通宝二个（上交三阳开泰碗），请进殿内中间跪下，首领祁贵全揭盒盖，总管田喜从盒内请煮饽饽一品，递可太监厄禄随请至大吉宝案前放在吉宝上[⑤]。

上进煮饽饽一品四个，通宝二个弘德殿取去，念供红姜一块放在豆腐乳上，总管田喜遵例用小饽饽一个，托红姜一块，送至佛堂供，上祭堂子毕，还乾清宫至重华宫少座[6]。

辰正一刻，养心殿进早膳，用填漆花膳桌，摆：拉拉一品（大金碗）[7]、燕窝红白鸭子南鲜热锅一品（系朱二官做）、鸭子火熏白菜热锅一品（系郑二做）、口蘑锅烧鸡热锅一品（系沈二官做）、羊肉片一品、托汤鸭子一品（此二品青玉碗）、鹿尾酱一品、碎剁野鸡一品（此二品金枪碗）、清蒸关东鸭子鹿尾攒盘一品、烀猪肉攒盘一品、竹节卷小馒首一品、孙泥额芬白糕一品[8]、年年糕一品（此三品珐琅碗）[9]、青白玉无盖葵花盒小菜一品、珐琅碟小菜四品、咸肉一碟，随送燕窝攒丝浇汤煮饽饽进一品、果子粥进些（汤膳碗三阳开泰珐琅碗，金碗盖，金银花线带膳单，照常垫单）。

额食七桌[10]：饽饽十五品一桌，饽饽四品、菜二品（系收的青玉碗）[11]、奶子十六品，共二十三品一桌，盘肉十三盘二桌，猪肉一方、羊肉四方二桌，鹿尾一盘、煺鹿肉一盘、烧猪肉一盘、煺羊肉一盘、清蒸鸭子一盘（此五盘俱是膳上的未安），共一桌。上进毕，赏用。

早膳后，总管田喜据黄折片一个奏过传旨：上用饽饽桌一张赏南府景山众人。

正月初一日未正，正谊明道进晚膳[12]，用填漆花膳桌，摆：

鹿肠鹿肚热锅一品、燕窝山药酒炖鸭子热锅一品（系沈二官做）、肥鸡鸡冠肉热锅一品（系郑二做）、山药葱椒鸡羹热锅一品（系朱二官做）、托汤鸡一品、羊肚片一品（此二品五福珐琅碗），后送燕窝脍鸭子一品、清蒸关东鸭子鹿尾攒盘一品、烧肥狍肉攒盘一品、象眼小馒首一品、白糖油糕一品、年年糕一品（此三品珐琅盘）、青白玉无盖葵花盒小菜一品、珐琅碟小菜四品、咸肉一碟，随送粳米干膳进一品（汤膳碗三阳开泰珐琅碗，金碗盖，金银花线带膳单，照常垫单）。

上进毕，赏用。

正月初一日酉初，太监常宁传送上用白玉盘酒膳桌十五品，用茶房红龙矮桌，摆：

吉祥盘一品（果子八品、菜七品）、捶手四品，妃嫔等位进热锅一品、攒盒一副、饽饽一品。

上进毕，赏用，记此。

太监厄禄里奏过传旨：

赏月华门该班辖黄盘酒膳一桌、管辖大人苏拉昂邦黄盘酒膳一桌、六班辖绿龙盘酒膳一桌，内头学内二学青龙盘酒膳二盘，里边总管首领太监绿龙盘酒膳一桌、外边总管首领太监青龙盘酒膳二桌。

乾隆六十年正月初一日寅初二刻，上在弘德殿进煮饽饽时，小太监常宁传旨：

预先奏准，因元旦日日食，不宜宴乐，大宴倍宴俱不伺候[13]，今遵旨，着将向年元旦日应伺候大宴倍宴俱挪至初二日伺候，晚晌酒膳不必伺候，钦此。（《节次照常膳底档》）

【注释】

①子正一刻十分：乾隆六十年（1795）正月初一日凌晨零点二十五分。下文各时间点为：寅初三刻，凌晨三点四十五；辰正一刻，早上八点十五；未正，下午两点；酉初，下午五点；寅初二刻，凌晨三点半。

②至等处：原文空缺。

③安南：越南。

④押万国咸宁：是指盛安南小菜的碟上有“万国咸宁”字样，下文“押甲子重新”“押山子石”意同。“万国咸宁”和“甲子重新”都含有美好寓意。姜醋盛在“山”字碟中，有“江（姜）山永固”之意。

⑤太监厄禄：应为“太监厄禄里”。

⑥座：即“坐”。

⑦拉拉：黄米饭，指什锦稠粥。

⑧孙泥额芬：即奶子饽饽。

⑨年年糕：谐音“年年高”，即年糕。

⑩额食：有学者认为，清代宫里每顿正餐均有数量不等的副食，称为“额食”，以饽饽、奶子、盘肉为主。也有人认为“额食”是摆着看的，使御膳桌显得丰盛。

⑪系收的青玉碗：有学者认为，这是指之前一顿饭或者是前一天御膳中的一道菜品，当时收起来，这次又摆上膳桌。乾隆的膳单中，有不少类似记载，如下文“嘉庆四年正月初一日”

乾隆膳单，“青白玉碗菜二品（系收的）”“攒盘肉二品（早膳收的）”。

⑫正谊明道：此指漱芳斋，重华宫东侧漱芳斋匾额为“正谊明道”。

⑬倍宴：疑为“备宴”。

乾隆吃剩菜

正月初一日寅正三刻[①]，驾[②]，辰初至乾清宫受贺，皇帝、王公、大臣礼毕，辰正，颖贵妃、嫔礼毕[③]，辰正，上同妃嫔等位金昭玉粹进早膳[④]，用海屋添筹有帏子矮桌，摆：

拉拉一品（大金盘）、燕窝脍糟鸭子、热锅一品、燕窝挂炉鸭子挂炉肉野意热锅一品、燕窝鸭丝热锅一品、燕窝白鸭子一品、口蘑拆肉一品、托汤鸭子一品、□□□□□□一品（此四品青白玉碗）[⑤]、清蒸鸭子鹿尾烧狍肉攒盘一品、羊乌乂一品[⑥]，烧鹿肉一品、烀猪肉一品、鹿尾一品、蒸肥鸡一品（此五品金盘）、竹节卷小馒首一品、孙泥额芬白糕一品、年年糕一品（此三品珐琅盘）、青白玉无盖葵花盒小菜一品、珐琅碟小菜四品、咸肉一碟，随送有通宝煮饽饽一品四个（上交三阳开泰碗），进毕，通宝二个弘德收去[⑦]。随送野鸡粥进一品、果子粥进些（汤膳碗三阳开泰珐琅碗，金碗盖，大膳单，大垫殿单）。

克食七桌：饽饽十五品一桌、干湿点心八盘一桌、青白玉碗菜二品（系收的）、奶子十四品一桌、盘肉九盘一桌，羊肉五方三桌（俱海屋添筹克食桌，上安金银器）。

上进毕，赏用。

妃嫔等位用地方有帏子条桌五张，摆：

分例菜五桌、绿龙黄碗菜二桌、霁红碗菜三桌、每桌拉拉一品、菜二品、饽饽二品、攒盘肉二品，盘肉三盘、螺蛳盒小菜二个、本家匙箸筷子手布安毕呈进。进毕，本家收回。

正月初一日，早膳后包衣昂邦交来上用饽饽桌一张⑧，总管田喜口奏：赏南府景山众人；奉旨：知道了，钦此。

正月初一日未初，正谊明道进晚膳，用填漆花膳桌，摆：

燕窝肥鸡丝热锅一品、燕窝锅烧鸭子热锅一品、肥油煸白菜热锅一品、羊肚片一品、托汤鸡一品（此二品五福珐琅碗），后送炒鸡蛋一品、蒸肥鸡鹿尾攒盘一品、狍肉攒盘一品、象眼小馒首一品、白糖油糕一品、白面丝糕糜子米面糕一品、年年糕一品（此四品珐琅盘）、青白玉无盖葵花盒小菜一品、珐琅碟小菜四品、咸肉一碟，随送野鸡丝粥进一品、鸭子粥未用（汤膳碗三阳开泰珐琅碗，金碗盖，金银花线代膳单，照常垫单），次送燕窝八鲜热锅一品、攒盘肉二品（早膳收的），共一桌。

上进毕，赏用。

正月初一日酉初，小太监厄禄里传送上用白玉盘酒膳一桌，用茶房红龙矮桌，摆：

吉祥盘一品（菜七品、果子七品）、捶手四品、妃嫔等位进热锅一品、饽饽三品，上进毕赏用。

着小太监厄禄里据黄折片一个奏过，奉勅旨传话：

桌酒膳八桌赏军机大臣，黄盘酒膳一桌管辖大人苏拉昂邦⑨，黄盘酒膳一桌军机章京、听报章京，青龙盘酒膳一桌月华门该班辖，绿龙盘酒膳一桌六班辖，青龙盘酒膳一桌内头学内二学，青龙盘酒膳一桌里边总管首领太监。（《节次照常膳底档》）

【注释】

①正月初一日：清宫档案记为“乾隆六十四年”，即嘉庆四年（1799）。乾隆退位后，宫中档案多循乾隆记年。两天后的嘉庆四年（1799）正月初三，乾隆驾崩。寅正三刻，凌晨四点四十五；下文各时间点为：辰初，早上七点；辰正，早上八点；未初，下午一点；酉初，下午五点。

②驾：应为“请驾”。

③颖贵妃：巴林氏，蒙古镶红旗人。乾隆在世时自贵人累进颖贵妃。

④金昭玉粹：漱芳斋后殿名“金昭玉粹”。

⑤此处宫中原档有六字缺文。

⑥羊乌义：即“羊乌叉”，煮熟的羊前腿至后腿的连骨肉，这块肉比较娇嫩，蒙古人通常用以招待高贵客人。

⑦弘德：应为“弘德殿”。

⑧包衣昂邦：满语，即内务府总管大臣。

⑨苏拉昂邦：满语，即散秩大臣，皇帝近侍。

乾隆素食养生

乾隆是中国古代历史上最长寿的皇帝，乾隆朝留下了大量关于清宫膳食相关的档案。很多人好奇，乾隆的长寿与清宫御膳是否有联系？很多学者认为，乾隆注重饮食均衡，荤素搭配，可能是他长寿的一个重要原因。清宫御膳档案中，有不少乾隆吃素的记载。比如，大年初一，照例是吃素饽饽；遇先帝忌日，宫内各处膳房"止荤添素"，这一天皇帝食用的都是素食；浴佛节也要吃素。此外，乾隆还喜欢吃榆钱饽饽、榆钱饼，甚至写进诗中。

大年初一吃素饽饽

万岁爷弘德殿进煮饽饽[①]，用二号金龙盘一副，摆金碟小菜二只，姜醋一品（黄碟），金匙箸，素煮饽饽。

元旦，万岁爷同皇后等位早、晚膳聚座。早膳用大豆瓣楠拉拉桌一张，摆拉拉一品（大金碗）、菜四品、盘肉七盘（金盘）、点心二盘（黄盘）、鹿尾酱一品、碎垛野鸡一品（小金碗）、珐琅葵花盒小菜一品，金碟小菜二品、金匙箸、汤膳碗、珐琅碗、金盖。皇后等位汤膳位分碗。

晚膳用照常膳桌摆珐琅碗菜十品、攒盘肉一品（金盘）[②]、

点心四品（黄盘）、珐琅葵花盒小菜一品、金碗小菜二品、金匙箸、汤膳碗三好黄碗金碗盖。（《节次照常膳底档》）

【注释】

①乾隆元年（1736）元旦膳单。

②攒盘：由多种食物拼合而成的食品盘。

雍正忌日吃素

奶子饭一品[1]，素杂烩一品，口蘑炖白菜一品，烩软筋一品，口蘑烩罗汉面筋一品，油䃟果一品，糜面糕一品，竹节卷小馒首一品，蜂糕一品，孙泥额芬一品，小菜五品。随送攒丝素面一品，果子粥一品，豆瓣汤一品。

额食三桌：饽饽六品，炉食四品，共十品一桌。（《节次照常膳底档》）

【注释】

①此篇为乾隆三十六年（1771）八月二十三日膳单，八月二十三日是乾隆帝的父亲雍正帝忌日。

浴佛节吃素

早膳用折叠花膳桌摆[1]，素杂会一品[2]，素笋丝一品，苔蘑爆淹白菜炒面筋一品[3]，口蘑炖面筋一品，豆瓣炖豆腐一品，水笋丝一品，野意油炸果一品，匙子饽饽红糕一品，竹节卷小馍首一品，银葵花盒一品，银碟小菜四品，奶子饭一品，素面一品，果子粥一品，饽饽六品，额食二桌、炉食四品。

晚膳用折叠花膳桌摆，香蕈口蘑炖白菜一品，蘑菇炖人参豆腐一品，山药、白菜、香荤、蘑菇烩油炸果罗汉面筋一品，王瓜拌豆腐一品，油炸果火烧一品，托活里额芬一品，素包子一品，小米面窝窝头一品，象棋眼小馍首一品，银葵花盒小菜一品，银碟小菜一品，绿豆仓米水膳一品④，额食五桌，奶子两品，饽饽十品，炉食六品。(《江南节次照常膳底档》)

【注释】

①乾隆三十年（1765）四月初八日膳单，四月初八日为浴佛节，此时乾隆第四次南巡，正在北归途中。

②杂会：即“杂烩”。

③淹：即“腌”。

④绿豆仓米水膳：即绿豆和仓米熬的粥。

乾隆御制榆饼诗

新榆小于钱，为饼脆且甘。导官羞时物，佐膳六珍参。偶啗有所思，所思在闾阎。鸠形鹄面人，此味犹难兼。草根与树皮，辣舌充饥谙。幸不问肉糜，玉食能无惭。(《日下旧闻考》)

嘉庆散胙

乾隆被戏称为“定制帝”，清代从前朝国家大事到后宫皇家琐事，基本上都是在乾隆时期形成定制。嘉庆时期的宫廷膳食，“循例”成为一大特征。嘉庆二十五年（1820）七月初一日的膳单中，早晚膳食材都是鸡、鸭、猪、羊，除了燕窝不常见，其他食物现在大部分人都能吃到，可能因天气炎热，主食是面、粥。与乾隆、慈禧相比，菜品不算太多。不算克食，这两顿饭都不超过二十道菜，远非传说中御膳“吃一看二眼观三”的排场，更不是传闻中山珍海味荟萃的豪华盛宴。这一天是初一，御膳与平常不同还在于，太常寺把祭祀后的祭品送了过来，再由嘉庆分发，也就是“散胙”。从这些祭品中，读者还可以了解清代祭祀礼仪和祭品规格，以及嘉庆的社交网络。

七月初一日卯正[①]，承光殿进早膳[②]，用填漆花膳桌，摆：

蘼子面糕一品、燕窝拌锅烧鸭丝一品、燕窝会鸭子一品[③]、炒鸡大炒肉炖襍会[④]一品、攒丝镶豆腐一品[⑤]、燕窝红白鸡羹一品、锅烧鸡一品、五香羊肉一品（此四品中碗）、猪肉丝汤一品、羊肉片汤一品，后送收汤鸡一品、炒锅渣丝一品、蒸鸭子熘猪肉攒盘一品[⑥]、祭神肉一分、攒盘一品、银葵花盒小菜一品、银碟小菜一品，随送鸡汁面进一品、大菜烫膳进一品、绿豆黄米粥进些[⑦]。

克食二桌：饽饽六品、菜二品、奶子二品，共一桌，盘肉一盘、糜子面糕八品，共一桌。上进毕，赏用。赏诚贵妃素菜一品[⑧]，未赏嫔、贵人、常在，克食共少上大碗荤菜一品、三号黄碗菜二品，记此。

未初，同乐园进晚膳[⑨]，用填漆花膳桌，摆：燕窝拌红白鸭片一品、松子鸡一品、羊肉冬瓜羹一品（此二品中碗）、猪肚一品、云片豆腐一品（此二品三号黄碗）、油血肠羊肚片一品，后送炒福肉丝一品[⑩]、大碗菜二品、中碗菜二品、小卖四品[⑪]、片盘一品、银葵花盒小菜一品、银碟小菜一品，随送绿豆老米水膳进一品、绿豆黄米粥进些。

上进毕，赏用。赏诚贵妃素菜一品，共少上大碗荤菜三品、中碗荤菜二品，热炒二品、片盘二品、饽饽一品，赏后台众人糜子面糕八盘一桌（外有福饽饽一盘）。

七月初一日，太常寺赞礼郎将太庙笾豆供一桌三十二品[⑫]、供牛一只、祭祀酒一瓶俱交与外膳房布达章京转交与总管王平泰，用外膳房矮桌摆齐，按五分分糗饵一品[⑬]、鹿脯一品、粉餈一品（此三品膳上用），随晚膳总管王平泰口奏：

照例赏里边行走王子们[⑭]一分：鹿醢一品、鳊鱼一品、黑饼一品、韭菹一品、豚拍一品、糁食一品、酒一锺；

军机大人等一分：免醢一品、脾析一品、青菹一品、和羹一品、芡一品、酒一锺[⑮]。

郭什哈昂邦一分：鱼醢一品、白饼一品、刑盐一品、大羹一品、和羹一品、酒一锺[⑯]：

郭什哈辖一分：稷一品、黍一品、榛一品、粱一品、稻一品、笋菹品、菱一品、枣一品、栗一品[17]；

乾清门辖一分：醓醢一品、芹菹一品、大羹一品、笋菹一品、食一品、酒一镳[18]；

福肉十盘赏二阿哥一盘、三阿哥一盘、四阿哥一盘、五阿哥一盘、军机大臣一盘、内殿总管首领一盘、禄喜等二盘、内大学一盘、圆明园总管等一盘[19]。

七月初一日三伏中，晚晌随瓜果伺候，上红乂子二品、白乂十二品、红面饭二品、白面饭二品、他拉二品，赏如喜、陆福寿、长寿、寿喜、嘉祥每人一品，内大学首领太监五品。（《节次照常膳底档》）

【注释】

①七月初一：嘉庆二十五年（1820）七月初一。同年七月二十五日，嘉庆在承德避暑山庄驾崩。卯正，早上六点；下文未初为下午一点。

②承光殿：今北海公园团城中的主体建筑，元代称仪天殿，康熙重建，改称承光殿。

③会：即“脍”。

④襍（zá）会：即“杂烩”。

⑤馕（xiǎng）：疑为“酿”字之误。

⑥煏（bì）：用火烘干。

⑦菉：即“绿”。

⑧诚贵妃：刘佳氏，嘉庆即位封诚妃，嘉庆十三年（1808）晋诚贵妃，生嘉庆长子穆郡王（二岁殇），三女庄敬和硕公主，下嫁蒙古科尔沁王子索特纳木多布济，索特纳木多布济无嗣，以从子僧格林沁为嗣。

⑨同乐园：位于圆明园四十景坐石临流景区，圆明园后湖东北面，是园中最大的戏台。

⑩福肉：猪肉。

⑪小卖：饭馆中指不成桌的、分量少的菜或专供零卖的现成菜。

⑫太常寺赞礼郎：太常寺主管宫廷宗庙、祭祀和礼乐。赞礼郎，太常寺官职，掌祀典赞导之事。笾豆：古代祭祀燕享时，用来盛枣栗之类的竹器和盛菹醢之类的高脚木器。竹制为笾，木制为豆。

⑬糗饵：将米麦炒熟、捣粉制成的食品。《周礼》："羞笾之实，糗饵、粉餈（cí）。"郑玄注："此二物（糗饵、粉餈），皆粉稻米、黍米所为也，合蒸曰饵，饼之曰餈。"

⑭王子们：指嘉庆的儿子们。

⑮免醢：应为"兔醢"，兔肉制成的酱。脾析：牛百叶。和羹：本义指用不同调味品制成的羹汤，后用来比喻大臣辅助君主治国理政，代指宰辅。赐军机大人和羹有特殊寓意。

⑯刑盐："刑" 庄写作 "形"。特制成虎形的盐，供祭祀用。大羹：不和五味的肉汁。

⑰梁：应为“粱”。笋菹品：应为“笋菹一品”。

⑱醓（tǎn）醢：带汁的肉酱。

⑲二阿哥：旻宁，后来的清宣宗道光帝，母孝淑睿皇后喜塔腊氏；三阿哥：惇恪亲王绵恺，母孝和睿皇后钮祜禄氏；四阿哥：瑞怀亲王绵忻，母孝和睿皇后钮祜禄氏；五阿哥：惠端亲王绵愉，母恭顺皇贵妃钮祜禄氏。

道光：妃嫔平时不得吃肉

勤俭节约是中华民族的美德，清代道光皇帝可以说是以节俭出名的。正史、野史各类关于道光节俭至抠门的故事不胜枚举。清代名臣林则徐在他的《软尘私札》中也记载了道光的节俭，他的初衷是说明道光在鸦片战争之后裁减用度，一心为国。道光规定宫中妃嫔平时不能吃肉，本来宫里准备了近臣和妃嫔的菜品，道光裁减了后宫的菜品。

宣宗在位[①]，游幸绝稀，尤勤俭。宫中嫔侍，非庆典不得肉食。故事：御膳别备四簋，以其二赐枢臣，其二赐嫔侍，至是罢嫔侍之赐。（《软尘私札》）

【注释】

①宣宗：清宣宗旻宁，年号道光，谥宣宗成皇帝。

慈禧生日:“字菜”庆生

一说起清宫美食家，可能大多数人首先想到的就是乾隆和慈禧。慈禧太后，叶赫那拉氏，谥号孝贞显皇后。咸丰十一年（1861），慈禧的丈夫咸丰帝驾崩，她被尊为圣母皇太后，她的儿子在她生日前一天即位。这个生日对她来说肯定不一般，但是她还得像乾隆一样低调，所以相对来说，这一天慈禧的早膳算是简单的了。然而，这毕竟是新晋皇太后的生日，御膳绝不能简单了事。慈禧这顿“低调”的生日早膳相比乾隆那顿，菜品丰富了不少，种类也很多，而且是以肉菜为主，鲜虾是乾隆时期不曾出现过的。慈禧喜欢由燕窝组成的吉祥“字菜”，这是之前历代皇帝膳食中未曾出现过的，慈禧还喜欢吃鸭肉。

火锅二品①：羊肉炖豆腐、炉鸭炖白菜；

大碗菜四品：燕窝“福”字锅烧鸭子、燕窝“寿”字白鸭丝、燕窝“万”字红白鸭子、燕窝“年”字什锦攒丝；

中碗菜四品：燕窝肥鸭丝、溜鲜虾、三鲜鸽蛋、烩鸭腰；

碟菜六品：燕窝炒熏鸡丝、肉片炒翅子、口蘑炒鸡片、溜野鸭丸子、果子酱、碎溜鸡；

片盘二品：挂炉鸭子、挂炉猪；

饽饽四品：百寿桃、五福捧寿桃、寿意白糖油糕、寿意苜蓿糕；

燕窝鸭条汤；

鸡丝面。(《御茶膳房膳单》)

【注释】

①咸丰十一年（1861）十月初十日慈禧皇太后早膳膳单。十月初九日，慈禧皇太后的亲生儿子载淳登基为帝。

衍圣公府贺寿：超级满汉席

光绪二十年（1894）十月初十，慈禧太后六十大寿。尽管这年发生了中日甲午战争，而且清政府一再失利，但慈禧仍然要大办生日宴。早在光绪十八年（1892），清政府就开始着手准备慈禧的“万寿庆典”，甚至成立了专门负责庆典事宜的“庆典处”。清代衍圣公府（孔子后裔）是这次庆典活动的贵宾。这一年九月，七十六代衍圣公孔令贻奉母亲彭氏、携妻孙氏进京贺寿。十月初四，彭氏和孙氏婆媳各“进圣母皇太后早膳一桌”。衍圣公府档案还记载，这两桌筵席肴馔主要出自随行的厨师张昭曾之手。两桌早膳，肴馔均为44品，其中主食12品，菜肴32品。这两桌席面不仅遵从清宫规矩，考虑到了慈禧的身份，也照顾了慈禧平日的饮食习惯。

婆媳二人所进早膳大同小异，但却能让懂的人看出长幼尊卑身份。

老太太进圣母皇太后早膳一桌

海碗菜二品：八仙鸭子　锅烧鲤鱼①

大碗菜四品：燕窝“万”字金银鸭块　燕窝“寿”字红白鸭丝

燕窝“无”字三鲜鸭丝　燕窝“疆”字口蘑肥鸡

中碗菜四品：清蒸白木耳　葫芦大吉翅子　“寿”字鸭羹　黄焖鱼骨

怀碗菜四品：溜鱼片　烩鸡腰　烩虾仁　鸡丝翅子

碟菜六品：桂花翅子　炒茭白　芽韭炒肉　烹鲜虾　蜜制金腿　炒王瓜酱

克食二桌：蒸食四盘　炉食四盘　猪肉四盘　羊肉四盘

片盘二品：挂炉猪　挂炉鸭

饽饽四品：“寿”字油糕　“寿”字木樨糕　百寿桃　如意卷

燕窝八仙汤　鸡丝卤面

太太进圣母皇太后早膳一桌

海碗菜二品：八仙鸭子　锅烧鲤鱼

大碗菜四品：燕窝“万”字金银鸭块　燕窝“寿”字红白

鸭丝

燕窝“无”字口蘑肥鸡　燕窝“疆”字三鲜鸭丝

中碗菜四品：清蒸白木耳　葫芦大吉翅子　“寿”字鸭羹黄焖海参

怀碗菜四品：溜鱼片　烩鸭腰　烩虾仁　鸡丝翅子

碟菜六品：桂花翅子　炒茭白　芽韭炒肉　烹鲜虾　蜜制金腿　炒王瓜骨

片盘二品：挂炉猪　挂炉鸭

克食二桌：蒸食四盘　炉食四盘　猪肉四盘　羊肉四盘

饽饽四品：“寿”字油糕　“寿”字木樨糕　百寿桃　如意卷

燕窝八仙汤　鸡丝卤面

（《衍圣公府档案》）

【注释】

①锅烧鲤鱼：在孔府，鲤鱼被称为“红鱼”，因孔子之子名孔鲤，孔府作为孔氏后人，按规矩须敬避祖宗名讳。但是孔府在慈禧面前，自然要以慈禧为尊，所以仍称“鲤鱼”。此外，这道菜还暗含“鲤跃龙门”之意。

光绪的中秋节

光绪帝载湉是同治帝载淳的堂兄弟，也是表兄弟，同治驾崩时无嗣，慈禧挑了光绪“继文宗（咸丰）为子，入承大统”。光绪在位三十四年，留下不少膳食档案。下文是光绪二十年（1894）中秋膳单，此时的御膳更讲究排场，更加奢华靡费。早晚膳都在养心殿用，菜品大同小异，但非常丰盛，而且种类繁多。这一天，光绪早上先去给慈禧太后请安行礼，然后给亲近的王公大臣发中秋福利。慈禧赏赐了二十六品膳食，光绪又给慈禧送几桌膳食。“字菜”的“蟾宫折桂”和“庆贺中秋”以及光绪吃的圆光月饼彰显节日气氛。

寅正二刻[①]，上至慈宁宫行礼。

八月十五日赏米一、奶一、饽饽五盘、菜三碗、肉十盘：

庆亲王米、克勒郡王奶[②]、军机大臣饽饽菜、乾清门辖猪、郭什哈辖、毓庆宫师傅饽饽菜、南出房翰林饽饽菜[③]、军机章京饽饽、听扳章京饽饽、弓箭马上人三羊、伞上备用处二羊、銮仪卫侍卫一羊、校尉一羊、养心殿念经喇嘛等羊肉一盘。

圣母皇太后赐万岁爷早膳碗碟菜各十品、饽饽一品、粥一品。晚膳碗蝶（碟）菜十二品[④]、饽饽一品、粥一品。

上进口蘑肉片卤面、肉丝炒汁子各一品。

养心殿进早膳，填漆花膳桌，摆：

口蘑肥鸡、三鲜鸭子、肥鸡丝木耳、肘子炖肉、羊肉片炖冬瓜，后送肉片炖双会、酿冬瓜、氽丸子加白菜、红白鸭羹、肉片炖萝卜白菜、英（樱）桃肉、炖吞建菠菜、锅烧鸭丝、炒醃

（腌）菜叶、栗子炖鸡、肉片焖云（芸）扁豆、青（清）蒸炉肉、芹菜炒肉、羊肉片醋溜黄瓜片、木耳白菜炒肉片、焖酱杆白、毛豆口蘑、罗汉面筋、豆豉豆腐、焖豇豆、鸡肘子烹肉、祭神肉片汤、如意倦、枣糖糕、棋子汤、老米膳、溪膳、旱稻粳米粥、甜酱（浆）粥、熘米粥、小米粥，上进二碗老米膳、一碗粳米粥。

添安早膳一桌，海碗菜二品：金银鸭子、苹果炖羊肉；

大碗菜四品：燕窝“蟾”字海参烂鸭子、燕窝“宫”字八仙鸭子、燕窝“折”字什锦鸭丝、燕窝“挂”字红白鸡丝[⑤]；

怀碗菜四品：燕窝白鸭系（丝）、三鲜鸭子、氽鲜虾丸子、莲子英（樱）桃酱肉；

蝶（碟）菜六品：燕窝炒锅烧鸭丝、碎溜笋鸡肉丁、果子酱、青笋晾肉胚、炉鸭炒茭白、松花鸭子；

片盘二品；挂炉鸭子、挂炉猪；

饽饽四品：白糖油糕、苜蓿糕、苹果馒首、如意倦。

添安早、晚膳四下分，燕窝八仙汤。

上进油盐火烧一品，上传粳米熘米粥一品，上进元光一块[⑥]，赏总管增禄；上进四色月饼一品，赏王代班。

进圣母皇太后早膳一桌、果桌一桌（新添）照此添安早膳一样，多中碗菜四品、碟菜二品、克食二桌、蒸食四盘、炉食四盘、猪肉四盘、羊肉四盘。上进果桌一桌，二十三品。

养心殿进晚膳，用填漆花膳桌，摆：

口蘑肥鸡、三鲜鸭子、肥鸡丝炖肉、炖吊子、肉片炖白菜，后送炉肉炖白菜、酿冬瓜、氽丸子炖白菜、红白鸭羹、肉片炖萝卜白菜、（樱）桃肉、炖吞建菠菜、锅烧鸭丁、炒醃（腌）菜叶、栗子炖鸡、肉片焖云（芸）扁豆、青（清）蒸炉肉、芹菜炒肉、羊肉片醋溜黄瓜片、木耳肘子、炒肉片、肉丝焖酱（箭）杆白、毛豆口蘑罗汉面筋、豆豉豆腐、焖豇豆、挂炉鸭子、五香肉、羊肉丝汤、糖三饺、白蜂糕、逛子汤、老米膳、溪膳、早稻粳米粥、高粮米粥、熘米粥、小米粥，上进二碗老米膳、一碗粳米粥。

添安晚膳一桌，海碗菜（二品）：海参焖鸭子、酿金银鸭子；大碗菜四品：燕窝“庆”字八仙鸭子、燕窝“贺”字锅烧鸭子、燕窝“中”字金银鸭子、燕窝“秋”字口蘑肥鸡；

怀碗菜四品：燕窝白鸭丝、鸡丝煨鱼翅、氽鱼腐、炒蝌（蟹）肉；

蝶（碟）菜六品：燕窝拌熏鸡丝、炸八件、青笋晾肉胚、烹鲜虾、醃菜花炒茭白、芽韭炒肉；

片盘二品：挂炉猪、挂炉鸭子；

饽饽四品：白糖油糕、苜蓿糕、立桃、百寿桃；

燕窝八仙汤。

晚用：羊肉片氽冬瓜、肉片炖萝卜白菜、羊肉片醋溜黄瓜片、熏肘子、香肠、老米膳、早稻粳米粥、小米粥、熘米粥。（《节次照常膳底档》）

【注释】

①光绪二十年（1894）八月十五日膳单。寅正二刻，早晨四点半。

②克勒郡王：应为“克勤郡王”，清代世袭郡王，第一代克勤郡王为代善长子岳托，光绪二年（1876）克勤郡王为崧杰。

③南出房：应为“南书房”。

④碗蝶菜十二品：应为“碗碟菜各十二品”。

⑤“挂”字：应为“桂”，大碗菜四品，四个字连起来应该是“蟾宫折桂”，意思是指攀折月宫桂花，比喻应考得中。

⑥元光：即“圆光”，月饼中间的部分，月饼周边部分叫“边栏”。

光绪：菠菜猪肉馅儿饺子收割机

光绪时期的宫廷御膳，总体上体现的还是慈禧的意志。宫廷御膳多了很多珍贵食材，如燕窝、鱼翅、海参、银鱼等，鱼虾等寻常水产也屡见不鲜。慈禧喜欢用燕窝码成字菜，组成四字吉祥话，这从同治刚登基时已经初见端倪。光绪每顿饭至少会有四道燕窝字菜——燕窝字菜已经形成定制，此时宫廷御膳的奢华由此可见一斑。上菜的仪式感也增加了，菜品按“海碗菜”“大碗菜”“怀碗菜”“碟菜”“片盘”“果桌”等分类，安排得明明白白。此外，乾隆元年（1736）元旦，乾隆吃的还是素馅儿饽饽，而且仪式感很强，一百多年后的光绪二十一年（1895）元旦早上，太后、同治妃嫔、光绪后妃都给光绪送菠菜猪肉馅儿煮饽饽——很大可能就是光绪爱吃菠菜猪肉馅儿，但此时并未记载吃饽饽的仪式。

寅初二刻，上至堂子行礼，辰初二刻，太和殿受贺。（此日赏如常例）

皇太后赐万岁爷早膳碗碟菜各十二品，晚膳碗碟菜各十二品，饽饽一品，粥一品。圣母皇太后赐万岁爷菠菜猪肉、长寿菜馅煮饽饽各二盒；皇后、瑾贵人、珍贵人进万岁爷煮饽饽各二盒[①]；敦宜荣庆皇贵妃、瑜贵妃、珣贵妃、晋妃进万岁爷煮饽饽各二盒[②]；俱是菠菜猪肉长寿菜馅，赏内殿总管段文元三位代班，钦此。

上进元宵各一品，上进油盐火烧各一品，上传粳米、熘米粥各一品，上要窝头十个。

养心殿进早膳，用填漆花膳桌摆：口蘑肥鸡、三鲜鸭子、肥鸡丝炖肉、炖吊子、肉片炖白菜，后送汆丸子锅子、味羊肉片汆黄瓜[③]、豆秧汆银鱼、汆鲜炸汁、小葱炒肉、口蘑罗汉面觔[④]、烹掐菜、挂炉鸭子烹肉、豆腐汤、白糖油糕、枣糖糕、棋子汤、老米膳、溪膳[⑤]、旱稻粳米粥、甜浆粥、熘米粥、小米粥，上进二碗老米膳、一碗粳米粥。

添安早膳一桌：火锅二品：金银奶猪、口蘑烂鸭子；大碗菜四品：燕窝“庆”字八宝鸭子、燕窝“贺”字什锦鸡丝、燕窝“新”字口蘑烂鸭子、燕窝“年”字三鲜肥鸡；怀碗菜四品：燕窝鸭条、溜鸭腰、荸荠蜜制火腿、什锦鱼辶[6]；碟菜六品：燕窝炒锅烧鸭丝、肉片焖玉兰片、肉丁果子酱、榆蘑炒鸡片、盖韭炒肉、炸八件；片盘二品：挂炉鸭子、挂炉猪；饽饽四品：白糖油糕、苜蓿糕、苹果馒首、如意卷；燕窝三鲜汤。

午正，上进果桌一桌二十三品，添安早晚膳果桌四下分赏。进圣母皇太后早膳一桌，照此添安早膳一样，多中碗菜四品、碟菜两品、克食两桌、蒸食四盘、炉食四盘、猪肉四盘、羊肉四盘。

养心殿进晚膳，用填漆花膳桌，摆：口蘑肥鸡、三鲜鸭子、肥鸡丝木耳、肘子、炖吊子、肉片炖白菜，后送大炒肉、鸡汤白菜、味羊肉氽黄瓜、豆秧氽银鱼、鲜虾丸子、肉片炖萝卜白菜、排骨、酱包肉[7]、镶冬瓜[8]、熏鸡丝、溜脊髓、里脊丁黄瓜酱、肉片焖芸扁豆、冬笋丝炒肉、包三样、炒苜蓿肉、炸汁、小葱炒肉、口蘑罗汉面筋、烹掐菜、苏造五香肉、猪肉丝汤、脂油方脯白蜂糕、豆腐汤、老米膳、溪膳、旱稻粳米粥、甜浆粥、熘米粥、小米粥，上进两碗老米膳、一碗粳米粥。

添安晚膳一桌：火锅两品：野意锅子、苹果炖羊肉；大碗菜四品：燕窝“江”字海参烂鸭子、燕窝“山”字口蘑肥鸡、燕窝“万”字锅烧鸭子、燕窝“代”字什锦鸡丝；怀碗菜四品：燕窝金银鸭子、山鸡如意卷、大炒肉炖榆蘑、荸荠蜜制火腿；碟菜六品：燕窝炒炉鸭丝、炸八件、煎鲜虾饼、青韭炒肉⑨、青笋晾肉胚、熏肘子；片盘二品：挂炉鸭子、挂炉猪；饽饽四品：白糖油糕、苜蓿糕、苹果馒首、如意卷；燕窝八鲜汤。

晚用：羊肉片汆冬瓜、口蘑火肉、煨老菜、肉片炖萝卜白菜、肉片焖芸扁豆、炸汁、熏肘子、香肠、老米膳、熇米粥、小米粥。（《御茶膳房膳单》）

【注释】

①皇后：光绪皇后，谥孝定景皇后，叶赫那拉氏，都统桂祥女，慈禧太后侄女，溥仪即位尊为隆裕太后。瑾贵人：他他拉氏，原任户部右侍郎长叙女，满洲镶红旗人。入宫封瑾嫔，慈禧六十大寿加恩封瑾妃，光绪二十年（1894），因其妹珍妃受罚被株连，降为贵人。后复封瑾妃。溥仪逊位后，上徽号“端康皇太妃”。珍贵人：瑾妃之妹，极受光绪宠爱。入宫封珍嫔，后与瑾妃一起封妃。光绪二十年（1894），因“习尚浮华，屡有乞请”，降为贵人，后复封珍妃。光绪二十六年（1900），珍妃被慈禧命人推入井中。慈禧回宫后追封她为皇贵妃。

②敦宜荣庆皇贵妃：同治慧妃，沙济富察氏。光绪即位，两宫太后封慧妃为敦宜皇贵妃。慈禧六十大寿加恩封敦宜荣庆皇贵妃，卒谥淑慎皇贵妃。瑜贵妃：同治帝瑜妃，赫舍里氏，慈禧六十大寿加恩封瑜贵妃。溥仪逊位，尊为敬懿皇贵妃，卒

谥献哲皇贵妃。珣贵妃：同治帝珣妃，阿鲁特氏，同治孝哲毅皇后姑。慈禧六十大寿加恩封珣贵妃卒谥庄和皇贵妃。晋妃：应为瑨妃，同治瑨嫔，西林觉罗氏。慈禧六十大寿加恩封妃。卒谥敦惠皇贵妃。

③味：应为“煨”。

④觔：即“筋”。

⑤溪膳：即稀膳，粥。

⑥鱼辶：鱼翅。

⑦酱包肉：即“酱爆肉”。

⑧镶冬瓜：即“饷冬瓜”。

溥仪：御膳只是排场

溥仪是清代最后一位皇帝，也是中国封建王朝最后一位皇帝。他三岁进宫，十九岁离开紫禁城。晚年的溥仪只是一个普通公民，他回忆前尘往事，写下《我的前半生》。这部书前三章都是关于紫禁城的回忆。在溥仪时代，御膳只是用来看的排场，溥仪平时吃的是太后、太妃小厨房做的饭菜。溥仪回忆了整个皇帝用膳的流程，这比其他皇帝和慈禧的流水账式的膳单更具体。

每日排场耗费人力、物力、财力最大的莫过于吃饭。关于皇帝吃饭，另有一套术语，绝对不准别人说错的。饭不叫饭而叫“膳”，吃饭就叫“进膳”，开饭叫“传膳”，厨房叫“御膳房”。到了吃饭的时间——并无所谓固定时间，完全由皇帝自己决定，我吩咐一声“传膳!”，跟前的御前小太监便照样向守在养心殿的明殿上的“殿上太监”说一声“传膳!”，殿上太监又把这话传给鹄立在养心门的太监，他再传给候在西长街的御膳房太监……这样一直传进了御膳房里面。回声不等消失，一个犹如过嫁妆的行列已经走出了御膳房。这是由几十名穿戴齐整、套着白袖头的太监们组成的队伍，抬着膳桌，捧着绘有金龙的红漆盒，浩浩荡荡地直奔养心殿而来。进到明殿里，由小太监接过，在东暖阁摆好。菜肴是三桌，各种点心、米膳、粥品是三桌，另外各种咸菜是一小桌。食具是明黄色刻龙并有“万寿无疆”字样的瓷器，冬天则是银器，下托以盛有热水的瓷瓦罐。每个菜碟或菜碗都有一个银牌，这是为了戒备下毒而设的，并且为了同样原因，菜送来之前都要经一个太监尝过，这叫“尝膳”。这些尝过的东西摆好之后，在我入座之前，一个小太监叫了一声“打碗盖!”其余四五个小太监便动手把每个菜上的银盖取下，放到一个大盒子里拿走。于是，我就开始“用膳”了。

所谓食前方丈都是些什么东西呢？隆裕太后每餐的菜肴有百样左右，要用六张膳桌陈放，这是她从慈禧继承下来的排场，我的比她少，按例也有三十种上下。我现在只找到一份“宣统四年二月糙卷单”，所记载的一次早膳的内容如下：

口蘑肥鸡　三鲜鸭子　五绺鸡丝　炖肉　炖肚肺　肉片炖白菜　黄焖羊肉　羊肉炖菠菜豆腐　樱桃肉山药　炉肉炖白菜　羊肉片氽小萝卜　鸭条溜海参　鸭丁溜葛仙米　烧茨菇　肉片焖玉兰片　羊肉丝　焖跑跶丝　炸春卷　黄韭菜炒肉　熏肘花小肚　卤煮豆腐　熏干丝　烹掐菜　花椒油炒白菜丝　五香干　祭神肉片汤　白煮塞勒　烹白肉

菜肴经过种种手续摆上来之后，除了表示排场之外，并无任何用处。我是向来不动它一下的。御膳房为了能够在一声传膳之下，迅速把菜肴摆在桌子上，半天或一天以前就把饭菜做好，煨在火上等候着，所以都早已过了火候。好在他们也知道历代皇帝都不靠这个充饥，例如我每餐实际吃的是太后送的菜肴，太后死后由四位太妃接着送，每餐总有二十来样，这是放在我面前的菜，御膳房做的都远远摆在一边，不过做个样子而已。太后或太妃们各自的膳房，那才是集中了高级厨师的地方。

太妃们为了表示对我的疼爱和关心，除了每餐送菜之外，还规定在我每餐之后，要有一名领班太监去禀报一次我的进膳情况。这其实也同样是公式文章。不管我吃了什么，领班太监到了太妃那里双膝跪倒，说的总是这一套：

“奴才禀老主子：万岁爷进了一碗老米膳（或者白米膳），一个馒头（或者一个烧饼）和一碗粥。进得香！”

这种吃法，一个月要花多少钱呢？我找到了一本《宣统二年九月初一至三十日内外膳房及各等处每日分例肉斤鸡鸭清册》，那上面记载如下：

皇上前分例菜肉二十二斤计三十日分例共六百六十斤

汤肉五斤　共一百五十斤

猪油一斤　共三十斤

肥鸡二只　共六十只

肥鸭三只　共九十只

菜鸡三只　共九十只

下面还有太后和几位妃的分例，为省目力，现在把它并成一个统计表（皆全月分例）如下：

后妃名	肉斤	鸡只	鸭只
太后[①]	一千八百六十	三十	三十
瑾贵妃	二百八十五	七	七
瑜皇贵妃	三百六十	十五	十五
瑨贵妃	二百八十五	七	七
合计	三千一百五十	七十四	七十四

我这一家六口，总计一个月要用三千九百六十斤肉，三百四十四只鸡鸭，其中我这五岁的孩子要用八百一十斤肉和二百四十只鸡鸭。此外，宫中每天还有大批为这六口之家效劳的军机大臣、御前侍卫、师傅、翰林、画画的、勾字匠以及巫婆（称“萨玛太太”，每天要来祭神）等，也各有分例，一共是猪肉一万四千六百四十二斤。连我们六口之家自己用的共计用银三千一百五十二两四钱九分。“分例”之外，每日还要添菜，添的比分例还要多。这个月添的肉是三万一千八百四十四斤，猪油八百一十四斤，鸡鸭四千七百八十六只，连什么鱼虾蛋品，共用银一万一千六百四十一两七钱，连分例一共是一万四千七百九十四两一钱九分。显而易见，这些银子除了贪污中饱之外，差不多全是为了表示帝王之尊的排场而糟蹋了。这还不算一年到头不断的点心果品糖食饮料这些消耗。（《我的前半生》）

【注释】

①太后：隆裕太后。同治帝驾崩时无子嗣，醇亲王奕譞（xuān）的儿子载湉继位，光绪驾崩时也无子嗣，奕譞之孙、载沣之子溥仪即位，溥仪“承继穆宗（同治）为嗣，兼承大行皇帝（光绪）之祧”，也就是说溥仪是同治的嗣子，兼祧光绪。

清宫偏方：饿治百病？

在人们印象中，皇帝是“天下之主”，富有四海，肯定是锦衣玉食，每天吃的是山珍海味。但事实上，晚清几位幼年登基的皇帝都挨过饿。慈安和慈禧不许同治多吃，同治每次用膳都有“替吃”。紫禁城里走出来的太监说，光绪小时候饿得抢太监的吃食，溥仪以当事人的身份说，小时候饿得吃鱼食，看见肘子就抢来吃——但这一切都是因为“爱”。小皇帝们的监护人自然是希望他们能健康成长，但清宫信奉一个“偏方”：“要想小儿安，三分饥和寒。”大人们偏听偏信，不懂变通，怕小孩子吃撑了，以至于一国皇帝也要挨饿。更惨的是醇王府的小王子，居然死于营养不良。

溥仪吃鱼食

我一共有四位祖母，所谓醇贤亲王的嫡福晋叶赫那拉氏，并不是我的亲祖母。听说这位老太太秉性和她姊姊完全不同，可以说是墨守成规，一丝不苟。她一共生了五个孩子。第二个儿子就是光绪，四岁离开了她。第四个男孩载洸出世后，她不知怎样疼爱是好，穿少了怕冻着，吃多了怕撑着。朱门酒肉多得发臭，朱门子弟常生的毛病则是消化不良。《红楼梦》里的贾府“净钱一天”是很有代表性的养生之道。我祖母就很相信这个养生之道，总不肯给孩子吃饱，据说一只虾也要分成三段吃，结果第四个男孩又因营养不够，不到五岁就死了。

事实上我小时候并不能“进得香”。我从小就有胃病，得病的原因也许正和“母爱”有关。我六岁时有一次栗子吃多了，撑着了，有一个多月的时间隆裕太后只许我吃糊米粥，尽管我天天嚷肚子饿，也没有人管。我记得有一天游中南海，太后叫人拿来干馒头，让我喂鱼玩。我一时情不自禁，就把馒头塞到自己嘴里去了。我这副饿相不但没有让隆裕悔悟过来，反而让她布置了更严厉的戒备。他们越戒备，便越刺激了我抢吃抢喝的欲望。有一天，各王府给太后送来贡品[①]，停在西长街，被我看见了。我凭着一种本能，直奔其中的一个食盒，打开盖子一看，食盒里是满满的酱肘子，我抓起一只就咬。跟随的太监大惊失色，连忙来抢。我虽然拼命抵抗，终于因为人小力弱，好香的一只肘子，刚到嘴又被抢跑了。

我恢复了正常饮食之后，也常免不了受罪。有一次我一连吃了六个春饼，被一个领班太监知道了。他怕我被春饼撑着，竟异想天开地发明了一个消食的办法，叫两个太监左右提起我的双臂，像砸夯似的在砖地上蹾了我一阵。过后他们很满意，说是我没叫春饼撑着，都亏那个治疗方法。（《我的前半生》）

【注释】

①每月初一、十五各王府按例都要送食品给太后。

清末北京城

清末北京城

清末北京城

清末北京城

图片选自《帝国丽影》(*China, Its Marvel and Mystery*)，作者为晚清英国画家李通和。他从香港、澳门、广州到上海、苏杭，再转道北戴河、山海关过天津到北京，一路游览清末中国，每到一处作水彩画并著游记。此书写成于1909年1月，书中含插图约40幅，描绘了清末中国的景象。

西餐进宫

西餐何时传入中国，目前尚无定论。晚清时，西餐受到皇室喜爱。光绪喜欢喝咖啡，宫廷宴会上，大家喜欢喝香槟。溥仪的堂弟溥佳回忆，溥仪吃腻了清宫御膳，西餐成为溥仪新宠，专门请外面饭店的大厨进宫，紫禁城里还设置了西餐饭房，这也可以算是清宫饮食的一大变革了。

光绪爱喝咖啡

咖啡

龙团凤饼斗芳菲，底事春茶进御稀。绾罢经筵舒宿食，机炉小火煮咖啡。

咖啡，太西茶品之一，西人恒于膳后服用。性芳温，健脾行气，分消食积。德宗因疾，在宫中多嗜此茶。(《清宫词选》)

清宫饮宴喝香槟

西洋酒

迩来佳酿进西欧，品第醇浓酒库收。最怕香槟气升冽，欲持金钥试金头。

近日宫中饮宴多重洋酒。香槟最佳，有金头、银头之分，

气香烈，开时不慎则酒尽上冲，淋漓满地，而瓶无余滴矣。先以小锥锥瓶，以泄气。(《清宫词选》)

官员隆宗门外吃早点

寿森，字幼卿，号逸庵，别号竹西散人。生于光绪八年（1882）。清末曾任步军统领衙门员外郎，在此期间，经常奉令带领步军守卫宫禁，习闻宫中故事，晚年追忆见闻，写下《望江南词》一百首，并自加笺注。举凡宫廷中召对仪节、门禁制度、祭祀典礼、游宴观赏，均有涉及，叙述琐屑有致。其中《望江南词》一首回忆了紫禁城隆宗门前有苏拉摆摊卖早点，供上朝官员食用的故事。这首词还记录了一份早点餐单：苏造肉、芝麻烧饼、炒肝、杏仁茶。

电视剧《走向共和》里就有光绪帝师翁同龢在景运门外吃早点的场景，据说是参考这条史料，因当时隆宗门尚未对外开放，改成在景运门外。

望江南

前朝忆，忆得出隆宗。苏造肉香麻饼热，炒肝肠烂杏茶浓，餔歠日初红[①]。

乾清门外东曰景运，西曰隆宗。隆宗门外罩壁后，于黎明时，有苏拉戴红缨帽卖食物[2]，为奔走小吏调饥之所，各种食物之美，至今人称道弗衰，殆饥者甘食也。(《望江南词》)

【注释】

①餔歠(chuò)：即“餔啜”，吃喝。

②苏拉：宫里的杂役。

清宫名菜“满汉全席”

一说起清宫名菜，可能很多人首先想到的就是“满汉全席”。清代宫廷宴有满席、汉席，却并无“满汉全席”——这样鼎鼎大名的清宫名菜居然是虚构的。钱塘自古繁华，乾隆末年李斗所著笔记小说《扬州画舫录》中所记“满汉席”汇集了山珍海味，真正是“玉盘珍馐直万钱”，贫穷人家无法想象这种酒席。这份“满汉席”是扬州的“大厨房”专为随乾隆南巡的“六司百官”准备的。食单上一共有五份菜肴，第一份以鱼翅、鲍鱼等海味为主，第二份是熊掌、驼峰、猩唇等山珍，第三份基本都是淮扬名菜，第四份是清宫满菜，第五份是小菜、果品——这是一份主打山珍海味、融合满汉特色的“满汉席”，但不是“满汉全席”。山珍海味、“满汉全席”可能满足了很多人对于宫廷御膳的想象，而事实上，所谓“满汉全席”只是一种商业炒作。很多学者都有过相关论述，甚至有《满汉全席源流考述》这样下功夫考证“满汉全席”源流的著作。

上买卖街前后寺观皆为大厨房[①]，以备六司百官食次。

第一分头号五簋碗十件：燕窝鸡丝汤、海参汇猪筋[②]、鲜蛏萝卜丝羹、海带猪肚丝羹、鲍鱼汇珍珠菜、淡菜虾子汤、鱼翅螃蟹羹、蘑菇煨鸡、辘轳锤[③]、鱼肚煨火腿、鲨鱼皮鸡汁羹、血粉汤，一品级汤饭碗；

第二分二号五簋碗十件：鲫鱼舌汇熊掌、米糟猩唇猪脑、假豹胎[④]、蒸驼峰、梨片伴蒸果子狸、蒸鹿尾、野鸡片汤、风猪片子、风羊片子、兔脯、奶房签[⑤]，一品级汤饭碗；

第三分细白羹碗十件：猪肚假江瑶[⑥]、鸭舌羹、鸡笋粥、猪脑羹、芙蓉蛋、鹅肫掌羹、糟蒸鲥鱼、假班鱼肝[⑦]、西施乳[⑧]、文思豆腐羹[⑨]、甲鱼肉片子汤、玺儿羹[⑩]，一品级汤饭碗；

第四分毛血盘二十件：獲炙哈尔巴小猪子[⑪]、油炸猪羊肉、挂炉走油鸡鹅鸭、鸽臛[⑫]、猪杂什、羊杂什、燎毛猪羊肉、白煮猪羊肉、白蒸小猪子小羊子鸡鸭鹅、白面饽饽卷子、十锦火烧、梅花包子；

第五分洋碟二十件：热吃劝酒二十味、小菜碟二十件、枯果十彻桌、鲜果十彻桌。

所谓“满汉席”也。(《扬州画舫录》)

【注释】

①买卖街：康熙、乾隆南巡时，在扬州天宁寺建有行宫。行宫西面有上买卖街和下买卖街。

②汇：应为“烩”。下同。

③辘轳锤：有学者认为是指鸡腿制成锤状的炸制品。

④假豹胎：仿豹胎，以羊胎盘制作。

⑤奶房签：可能是奶酪去水挤压成片卷起的风干食品。

⑥猪肚假江瑶：以猪肚头伪装成瑶柱，细切成丝乱真。

⑦假班鱼肝：班鱼即斑鱼，中秋前后群游于太湖一带。春季无斑鱼，可能是用其他鱼的鱼肝所做。

⑧西施乳：雄性河豚精囊，俗称鱼白。

⑨文思豆腐羹：嫩豆腐、香菇、冬笋、火腿、鸡脯均切成细丝烩制。

⑩玺儿羹：疑为“茧儿羹”，鱼肉或猪肉泥制成皮冻，做成蚕茧状的丸子，加热后，皮冻化成汤而使中空。

⑪䊵炙哈尔巴小猪子：䊵，疑为“镬”，镬炙即锅烧；哈尔巴，满语，肩胛骨。

⑫臛（huò）：肉羹。

宫廷特色膳食：白水猪肉

满人信奉萨满教，清代皇后的一项很重要的工作就是在坤宁宫进行萨满教祭祀（入关前在沈阳故宫中宫清宁宫），这包括每天的朝祭、夕祭，每月的祭天，每年的春秋二季大祭，还有四季献神等。祭祀萨满的供品主要有两类：一是面食——用稷、豆、黄米等做的糕点；一是肉食——祭神肉，也叫胙肉，就是白水煮的猪肉（清宫一般称“福肉”）。坤宁宫有大祭祀时，皇帝往往要召集亲近的王公大臣去坤宁宫共享祭神肉。清代官员把去坤宁宫吃祭神肉看作一种荣耀，曾国藩曾获此殊荣，而王府公子溥佳只能自己偷偷买三块钱的尝尝味。祭神肉未加作料，而且皇帝给与会人员的都是大块方形肉，所以与会人员吃肉需要自己带刀切割，后来有人开始自带佐料。这种习俗在满人之中都较常见，清代笔记小说中多有记载，汉人初次与会，往往吃不惯。

清代帝王、官员都很重视祭神肉，雍正发上谕要求加强对祭神肉的管理，乾隆即位后第一个腊八，在祭神后和后妃共享祭神肉，去盛京时在清宁宫祭祀后与王公大臣一起吃祭神肉。祭神肉还是御膳中经常出现的一道菜品。

雍正：祭神肉无味

（雍正九年九月初五日）上谕：坤宁宫祭神肉，近来颇觉无味。朕向曾降旨，神前祭肉甚有关系，理宜专心恭敬。乃阿木孙章京等甚是懈弛，竟似全不经心，肉味如何，一概不管，只同阿木孙首领太监窃肉售卖，以致于此。今特交与总管安泰经营严查，嗣后祭肉如仍前无味，或有偷出私卖者，一经查出，将安泰责四十板，从重治罪。阿木孙章京、首领太监等亦俱不轻恕。(《国朝宫史》)

乾隆腊八吃祭神肉

用金锭膳桌，摆祭神肉一品，杂碎一品（大银盘），祭神肉片一品（银碗），肉丝汤一品（二号黄碗），银葵花盒小菜一品，小菜三品（银碟），粥菜四品（黄钟），金匙、箸、刀子、大银盘一件，摆毕，呈进。随送粳米膳一品，腊八粥一品（俱三号黄碗），干湿点心二盒（俱赏食肉大人们）。王子大人食肉，俱用银盘乌木箸。皇后、妃、贵人等位，在东暖阁进肉，用照常膳桌，俱用粥菜位分碗。(《节次照常膳底档》)

乾隆怒斥：吃肉不带刀是何道理

谕王公宗室等：尔等得与朕在清宁宫内祭祀，皆祖宗所赐之福，亦系满洲之旧例也。今观满洲旧例，渐至废弛。且如怡亲王弘晓不佩小刀[①]，是何道理。朕敬阅实录内载皇祖太宗谕曰：今宗室之子弟，食肉不能自割，行走不佩箭袋，有失满洲旧俗……如朕食肉未毕，而諴亲王、和亲王便放盌匙默坐[②]，唯达尔汉王俟朕食毕[③]，始放盌匙。方见遵循旧习。（《乾隆实录》）

【注释】

①怡亲王弘晓：第一代怡亲王胤祥七子，生母嫡福晋兆佳氏。

②盌（wǎn）：即“碗”。

③达尔汉王：即“达尔罕王”，应为罗卜藏衮布，博尔济吉特氏，尚裕亲王福全（顺治次子）第五女，孝庄文皇后娘家后裔。

派吃祭肉及听戏王大臣

定制，大内于元旦次日及仲春秋朔，行大祭神于坤宁宫，钦派内外藩王、贝勒、辅臣、六部正卿吃祭神肉。上面北坐，诸臣各蟒袍补服入，西向神幄行一叩首礼毕，复向上行一叩首礼，合班席坐，以南为上，盖视御座为尊也。司俎官捧牢入，各实银盘，膳部大臣捧御用俎盘跪进，以髀体为贵。司俎官以臂肩臑骼各盘设诸臣座前[①]，上自用御刀割析，诸臣皆自脔割，遵国俗也。食毕赐茶，各行一叩首礼。上还宫，诸臣以次退出。是晚，各赐糕糍酏醬[2]，各携归邸。至上元日及万寿节，皆召诸臣于同乐园听戏，分翼入座，特赐盘餐肴馔。于礼毕日，各赐锦绮、如意及古玩一二器，以示宠眷焉。（《啸亭杂录》）

【注释】

①臑（nào）：牲畜前肢的下半截。

②醬（jì）：酱。

奉派入坤宁宫吃肉

十月初一日[1]

是日孟冬时享[2]，奉派入坤宁宫吃肉。寅正一刻起[3]，饭后入朝。卯初一刻五分至兵部报房，与诸大臣坐谈颇久。卯正二刻传入乾清宫，又与众王大臣立谈。三刻入，过交泰殿，至坤宁宫。皇上坐西南隅榻上，背南窗北向而坐。各王大臣以次向西而坐，以南为上。第一排：南首为惇王、恭王[4]，以次而北。第二排又自南而北，余坐第五排之南首一位。初进钉盘小菜，酱瓜之类一碟，次进白肉一大银碟，次进肉丝泡饭一碗，次进酒一杯，次进奶茶一杯。约两刻许退出，在兵部报房听起，巳正方散。（《曾国藩日记》）

【注释】

①曾国藩同治九年（1870）十月初一日日记。

②孟冬时享：孟冬，冬季的第一个月，即农历十月。时享，

即“时祫”，太庙四时的祭祀。

③寅正一刻：凌晨四点十五分。下文各时间点：卯初一刻五分，凌晨五点二十；卯正二刻，六点半；三刻，即卯正三刻，六点四十五；巳正，上午十点。

④惇王、恭王：惇王即惇勤亲王奕誴，道光帝五子，过继给惇恪亲王绵恺（嘉庆帝三子，生母孝和睿皇后钮祜禄氏），生母道光帝祥妃钮祜禄氏。恭王即恭忠亲王奕䜣，道光帝六子，生母孝静成皇后博尔济吉特氏。

吃　肉

满洲贵家有大祭祀或喜庆，则设食肉之会。无论旗、汉，无论识与不识，皆可往，初不发简延请也。是日，院建高过于屋之芦席棚，地置席，席铺红毡，毡设坐垫无数。主客皆衣冠。客至，向主人半跪道贺，即就坐垫盘膝坐，主人不让坐也。或十人一围，或八九人一围。坐定，庖人以约十斤之肉一方置于二尺径之铜盘以献之。更一大铜碗，满盛肉汁。碗有大铜勺。客座前各有径八九寸之小铜盘一，无酰酱。高粱酒倾大瓷碗中，客以次轮饮，捧碗呷之。自备酱煮高丽纸、解手刀等，自切自食。食愈多，则主人愈乐。若连声高呼添肉，则主人必致敬称谢。肉皆白煮，无盐酱，甚嫩美。量大者，可吃十斤。主人不陪食，但巡视各座所食之多寡而已。食毕即行，不谢，不拭口，谓此乃享神之馂余，不谢也，拭口则不敬神矣。（《清稗类钞》）

非常膳食：清代贵族宴会

清太祖制定筵宴餐单

清初国宴由皇帝与宗室王公共同出资，形成制度。太祖努尔哈赤时代，战争胜利后，战利品由八旗均分，因此，国宴费用就由八旗王公分担。清代爵位中的“入八分公”和“不入八分公”就是这种制度的体现。

天命八年（1623）五月，努尔哈赤亲自制定了一份筵宴餐单。从这份餐单来看，清初的宫廷饮食还保留了极具民族特色的饮食风味，充分体现了满洲人豪爽粗犷的性格。餐单总体比较粗放古朴：大肉汤配面食，肉类主要是鸡、鹅等家禽。这与清中后期精致奢华、讲究排场的宫廷筵宴大相径庭。朝鲜使臣曾亲眼见到，元旦筵宴时，努尔哈赤“下椅子自弹琵琶，耸动其身”，清初宫廷筵宴还比较随性。

二十四日，汗对八贝勒家人曰[①]：陈放于宴桌之物，计麻花饼一种，麦饼二种，高丽饼一种，茶食饼一种，馒首、细粉、果子、鹅、鸡，浓白汤各一种，并大肉汤。著将此言缮录八份，分送诸贝勒家各一份。(《满文老档》)

【注释】

①汗：可汗，此指清太祖努尔哈赤，后金建立时努尔哈赤自立为汗，称“覆育列国英明汗”。八贝勒：指八位和硕贝勒，八人为谁，尚有争议。努尔哈赤时代实行八贝勒“共治国政”制度，此时的“贝勒”含有“首领”之意。家人：家丁、仆人。

清太宗元旦筵宴

清太宗皇太极天聪六年（1632）的元旦筵宴在盛京皇宫最重要的大政殿举行，规模宏大，极为隆重。参加筵宴的不仅有八旗贝勒，还有蒙古的察哈尔、喀尔喀诸贝勒，朝鲜使臣，新归降的汉臣，儒、道、佛三教各官。这样盛大的宫宴，吃食却稍显简单：食材以兽肉和鹅为主，只有肉食，未见蔬食，烹调方法是炖煮，酒是烧酒。新年里皇太极宴请族中女性亲属，吃的也是牛、羊肉。七年后的崇德四年（1639）元旦宫宴，吃食比天聪六年稍微讲究一些，但仍是野味为主，酒还是烧酒，只是多了酸奶和茶。

天聪六年壬申正月初一日……是宴也，每旗各设席十，鹅五。总兵官职诸员设席二十，鹅二十。共一百席，备烧酒一百大瓶，煮兽肉宴之。

初三日，汗请诸姑姑、格格等入内廷，杀牛一、羊三，列筵二十席，宴之。宴毕，赐姑姑、格格等各鱀黄鱼一。（《满文老档》）

【注释】

①鱀（jì）：同“鲚”，江豚。

乾隆元日宴

光禄寺是清代专门负责皇室盛大筵宴的管理机构。康熙年间，光禄寺由礼部分出，专掌祭享宴劳，酒醴膳馐。除内廷筵宴、宗室筵宴等属内务府管，其他各种筵席都由光禄寺负责。

乾隆四十五年（1780）的元日宴是清代中后期筵宴的典范。膳食丰富多样，规制严格细密，彰显皇家威仪。大宴所用餐具，餐具、餐桌和菜肴的摆放，与会人员的座次都十分严谨，精确到几寸几分，膳品格局、进膳程序也是按照一定的流程。这次大宴有将近一百道菜品，从种类来说，有冷膳、点心、热菜、汤膳、主食，食物荤素搭配，营养均衡。这些御膳大部分都赏给了乾隆亲近的子侄、大臣。

（高宗）入宴，六阿哥进酒[1]。午正安宴桌摆高头冷膳。乾清宫设摆大宴，用器皿库大宴桌一张，银库黄缎绣金龙镶宝石桌刷一分，宝座龙头里边长几角至宴桌边八寸二分，先从外边摆起：

头路松棚果罩四座，上安象牙牌，两边花瓶一对中空，点心高头五品（青玉盘），点心高头盘足至前桌边七寸五分，盘足至两桌边四寸五分；

二路一字高头九品，三路圆肩高头九品，此二路碗足至两桌边七寸五分（此十八品青玉盘），此二十三品（俱安有牌子大花）：

四路雕漆果盒二副，盒边至宴桌里边二尺三寸五分，两边苏糕鲍螺四座（小青玉碗）[2]，苏糕挨看盒，鲍螺与荤高头捶手齐，点心高头至一字高头至圆肩高头至果盒俱留五分空，荤高头至两桌边六寸二分；

五路膳十品，六路膳十品，七路膳十品，八路膳十品（此四十品青玉碗），内有外膳房四品。两边捶手果钟八品，每边四品，东边奶子一品、小点心一品、炉食一品，西边敖尔布哈一品[3]、鸭子馅包子一品、米面点心一品（五寸青玉盘），中匙筋纸花快套手布，东边金匙又子[4]，西边羹匙快子[5]，两边小菜四品，

东边南小菜一品、清酱一品，西边糟小菜一品、水贝瓮菜一品（青玉碟）[⑥]，摆毕。（亲王、王子阿哥等位略）

未正二刻[⑦]，太监常宁传摆热宴，唯有汤膳未摆。未正二刻十分，万岁爷升座起祝，奏乐，座毕，总管首领出殿外，阿哥等位进殿入座毕，乐止。总管太监出殿外，奏乐，随送万岁爷汤膳，一对盒进（左一盒红白鸭子大菜汤膳一品、粳米膳一品，右一盒燕窝八仙汤一品、豆腐汤一品），用雕漆飞龙宴盒。盒盖一出就送王子阿哥等位汤膳。

上进毕，戏未完，送奶茶，奶茶碗盖一出就送王子阿哥等位奶茶。奶茶毕，将茶桌请下，戏毕转宴，先转金匙高头松棚果罩，唯有花瓶、快子、叉子、看盒不转。看盒往外挪，盒边外挨龙眼，珠花瓶往里挪，挪至看盒两边正中间，头对盒进出两对盒随两对盒进转。王子阿哥等位倍宴俱从怀里往外转，唯有花瓶、快子不转。

转宴毕，摆酒宴，奏乐，随上万岁爷酒宴一桌四十品，摆五路，每路八品，五对盒进，头对盒荤菜四品、果子四品，二对盒荤菜八品，三对盒果子八品，四对盒荤菜八品，五对盒果子八品（俱五寸青玉盘）。头对盒进，出，二对盒进，摆王子阿哥等位酒宴五桌（青龙盘），每桌十五品（菜七品、果子八品），一对盒进。

酒宴摆毕，总管太监出殿外，乐止。随送酒，奏乐，六阿哥出座，请酒一盃[⑧]，至万岁爷前跪进，酒毕，赏酒，毕，总管萧云鹏送万岁爷看盃酒，看盃酒一进就送王子阿哥等位酒。送酒毕，乐止，承应戏未完，奉旨送果茶，果茶碗盖一出，就送王子阿哥等位果茶，送果茶毕，王子阿哥等位出座，乾清宫总管王忠等奏宴毕，起祝。万岁爷起座毕，乐止。总管萧云鹏奏过传旨：

“大宴一桌赏南府景山众人，酒宴一桌赏庄亲王、裕亲王、拉旺多尔济、策楞悟巴什、查拉丰阿、福隆安、和珅[9]，钦此。”

正月初一日酉初[10]，太监常宁传送酒膳，上用白玉盘酒膳一桌十五品，用茶房红龙矮桌摆：吉祥盘一品、果子八品、菜六品；捶手四品；随送热炒三品：糟鸭子一品、冬笋炖收汤鸡一品、糖醋锅渣一品；妃嫔等位进热锅一品、饽饽一品；上进毕，赏用。(赏用略)(清宫档案《御茶膳房》)

【注释】

①六阿哥：永瑢，乾隆第六子，生母纯惠皇贵妃苏佳氏。乾隆二十四年(1759)十二月，以十六岁的永瑢为康熙二十一子慎靖郡王允禧嗣，封贝勒，五十四年封质亲王。

②鲍螺：一种海产品晾干后磨成粉做成的点心。

③敖尔布哈：一种具有满族特色的油炸面食。

④又子：即“叉子”。下同。

⑤快子：即“筷子”。下同。

⑥瓮菜：即蕹菜，空心菜。

⑦未正二刻：下午两点半。

⑧盃：同“杯”。

⑨庄亲王等：庄亲王，康熙十六子允禄孙永瑺，第五代庄亲王，乾隆三十二年（1767）袭爵。裕亲王，顺治帝第二子福全孙广禄，雍正四年（1726）袭裕亲王。拉旺多尔济，蒙古喀尔喀亲王世子，尚乾隆第七女固伦和静公主（嘉庆帝同母妹）。策楞悟巴什，蒙古杜尔伯特部台吉。查拉丰阿，赫舍里氏，满洲正黄旗人，平定西域五十功臣之一，画像入紫光阁。福隆安，富察氏，满洲镶黄旗人，乾隆孝贤纯皇后侄，傅恒子，尚皇四女和硕和嘉公主，画像入紫光阁。和珅，钮祜禄氏，满洲正红旗人，乾隆中后期宠臣。

⑩酉初：下午五点。

千叟宴：火锅、肉丝烫饭

千叟宴是清代宫廷规模最大、参加人数最多、耗费最巨的盛宴。康熙朝举办两次，乾隆朝举办两次。参加千叟宴的人来自全国各地，官、兵、民都有，他们有一个共同点，就是高寿。康熙第二次举办千叟宴时写了一首《千叟宴诗》，“千叟宴”自此定名，“叟”即指年老的男人。乾隆五十年（1785）清宫档案有此次盛宴的食品“账单”，乾隆六十一年（1796）正月在紫禁城宁寿宫皇极殿的千叟宴有较为详细的餐单，吃的主要是火锅和肉丝烫饭，这两样食物实在很接地气，说明举办方细心地考虑到了季节和天气因素；鹿肉、狍肉、燕窝等食物充分体现了清宫饮食特色，不失皇家体面；膳食的“寿意”象征对与宴人员高寿的美好寓意。这次千叟宴分为一等席面和次等席面，一等席面摆在殿内和廊下两旁，主要坐王公和一、二品大臣以及外国使臣，次等席面摆在丹墀甬路和丹墀以下，主要坐三品至九品官员、蒙古台吉、顶戴、领催、兵民等。

白面七百五十斤十二两，白糖三十六斤二两，澄沙三十斤五两，香油十斤二两，鸡蛋一百斤，甜酱十斤，白盐五斤，绿豆粉三斤二两，江米四斗二合，山药二十五斤，核桃仁六斤十二两，晒干枣十斤二两，香蕈五两，猪肉一千七百斤，菜鸭八百五十只，菜鸡八百五十只，肘子一千七百个。（清宫膳档《御茶膳房》）

一等桌：火锅二个（银制和锡制各一），猪肉片一个、煺羊肉片一个[①]；鹿尾烧鹿肉一盘，煺羊肉乌叉一盘，荤菜四碗，燕食寿意一盘，炉食寿意一盘，螺蛳盒小菜二个，乌木筯二只[②]。另备肉丝烫饭。

次等桌：火锅二个（铜制），猪肉片一个、煺羊肉片一个；煺羊肉一盘，烧狍肉一盘，蒸食寿意一盘，炉食寿意一盘，螺

蛳盒小菜二个，乌木筯二只。另备肉丝烫饭。（清宫膳档《御茶膳房（簿册）》）

【注释】

①煺（tuì）：把已宰杀的猪、鸡等用滚开水烫后去掉毛。

②筯（zhù）：同“箸”，筷子。

清宫国宴：满席和汉席

清宫膳食的特色之一就是满汉融合。清代筵席御膳即有满席与汉席之分，满席按照用面、各色点心、饽饽、干鲜果品、造价等不同，分为六等，只有各式饽饽与干鲜果品。制度规定，三等满席以上皆用于祭祀供品，四等以下才在宴会中使用。在汉席方面，乾隆时期关于不同场合、不同等级官员使用汉席有较为细致的规定，主要分为汉席三等，上席、中席。文会试主考等官员入场前、出场后宴于礼部，武会试入、出场宴于兵部，皆在三等汉席中选择一等。

一等满席：用面一百二十斤。定额：玉露霜、方酥、夹馅各四盘，白蜜印子、鸡蛋印子各一盘，黄白子、松饼各二盘，合图例大饽饽六盘[①]，小饽饽二碗，红白馓枝三盘，干果十二盘，鲜果六盘，甎盐一碟[②]。陈设高一尺五寸。

二等满席：用面一百斤。定额：玉露霜二盘，绿印子、鸡蛋印子各一盘，方酥、翻馅饼各四盘，白蜜印子、黄白子、松饼各二盘。饽饽以下与一等席同。陈设高一尺四寸。

三等满席：用面与二等席同。定额：方酥以下与一等席同。无黄白子松饼，别有四色印子四盘、福禄马四碗、鸳鸯瓜子四盘。陈设高一尺三寸。

四等满席：用面六十斤。定额：方酥以下俱与三等席同。陈设高一尺二寸。

五等满席：用面四十斤。定额：方酥以下俱与四等席同。陈设高一尺一寸。

六等满席：用面二十斤。无方酥夹馅四色印子、鸡蛋印子，余与五等席同。陈设高一尺。（《钦定大清会典》）

【注释】

①合图例：满语，什锦。

②瓻（zhuān）：同“砖”。

一等汉席：肉馔：鹅鱼鸡鸭猪肉等二十三碗、果食八碗、蒸食三碗、蔬食四碗。

二等汉席：肉馔二十碗，不用鹅。果食以下与一等席同。

三等汉席：肉馔十五碗，不用鹅鸭。果食以下与二等席同。

上席：高桌：陈设宝装一座，用面二斤八两，宝装花一攒，肉馔九碗，果食五盘，蒸食七盘，蔬菜四碟；矮桌：陈设猪肉、羊肉各一方，鱼一尾。

中席：高桌：陈设宝装一座，用面二斤，绢花三朵，肉馔以下与上席同。（《钦定大清会典》）

进士恩荣宴

进士恩荣宴是古代朝廷为新科进士们举办的宴会，始于唐代的“曲江宴”，宋代称为“闻喜宴”，又叫“琼林宴”，元代始称为“恩荣宴”，设宴于翰林院。明清沿袭元代“恩荣宴”制度。清代恩荣宴于殿试揭榜次日举行，读卷官、收卷官、掌卷官、监试御史等官员都参加。康熙六年（1667）的恩荣宴被新科状元缪彤以散文《胪传纪事》的形式记了下来。缪彤以时间为序，详细记载了他从会试、殿试、传胪到正式做官之前的一系列活动，对于今人了解清代科举制度、礼仪制度、官场生活都大有裨益。这一年的恩荣宴，康熙特意让“国舅爷”佟国维作陪，状元单人一席，摆的是“满洲桌”，可惜的是新科状元春风得意，并未将吃食放在心上，未曾记录桌上食物具体为何，但从他的描述可以看出，总体水准还是较高。到了光绪年间，进士恩荣宴已经不复昔日荣光，清末最后一位探花商衍鎏记录了他参加的恩荣宴，吃食只是摆设，国家礼制几乎荡然无存。

二十五日到礼部[1]，与恩荣宴。读卷官自满汉大学士以下，收卷官、掌卷官自翰林科部以下，监试御史及巡缉、供给各官，俱与宴。皇上遣内大臣佟国舅陪宴[2]。彤一席，榜眼、探花一席，诸进士四人一席。用满洲桌[3]，银盘。果品、食物四十余品，皆奇珍异味，极天厨之馔[4]。赐御酒三鼎甲，用金碗，随其量，尽醉无算[5]。宫花一枝，小绢牌一面，上有"恩荣宴"三字。状元用银牌。(《胪传纪事》)

【注释】

①康熙六年(1667)三月二十五日。

②内大臣佟国舅：清代选满洲"上三旗"(镶黄、正黄、正蓝)子弟作为侍卫，侍卫统帅称领侍卫内大臣，其次称内大臣，是武职中最高的品级。佟国舅，即佟国维，康熙第三任皇后孝懿仁皇后之兄。

③满洲桌：指满洲菜品。

④天厨：天家厨房。

⑤尽醉无算：尽量喝，醉了也不算无礼。

至光绪季年，无复前时景象，余甲辰科赴礼部恩荣宴时，则果肴皆出装饰，粗瓷竹箸，十余席罗列堂下东西，形式极为简陋。读卷大臣、执事各官亦无至者，除一甲三名外，其余二三甲进士寥寥无几，是日派恭亲王为主席，到时进礼部大堂倥偬一坐[①]，诸进士谢恩后，亲王即起立出门。从前礼节固无一存，而与缪、汪两氏之所记载亦有天渊之别矣[②]。诸人随亲王甫离席行，堂役闲人争进，将宴席之盘、碗、杯、箸抢夺一空，瓷器堕地声，笑语喧哗声，轰然纷乱，亦鹿鸣之抢宴相同。按雍正七年有旨，考官簪花筵宴，不许吏役从容用计上堂，争取肴馔，如有玩法者，即行拿究，监察御史将该管官名指名严参，照约束不严例议处。(《清代科举考试述录》)

【注释】

①倥偬：本义指事情纷繁迫促的样子，此指匆忙。

②缪、汪两氏：缪即缪彤，汪为乾隆四十六年（1781）辛丑科探花汪学金。

官员赴国宴：荣耀背后有辛酸

《诗经》说："溥天之下，莫非王土；率土之滨，莫非王臣。"在封建社会，皇帝是天下之主，皇帝的生日被称为万寿节，是全国性的节日，要普天同庆。给皇帝打工的文武官员自然把能参加皇帝寿宴视为无上荣光，但参加皇帝寿宴滋味并不好受。光绪生日在阴历六月二十六日，正是炎炎夏日，官员出席国宴要穿朝服，宴会中还要不时起来行礼跪拜，很是受罪。光绪二十年（1894），时任吏部郎中的何刚德把参加光绪寿宴的情况和真实感受写在日记里。而晚清实际当家人慈禧生日是在阴历十月，天气又稍嫌冷。光绪二十三年（1897），参加慈禧寿宴的宫廷史官恽毓鼎在日记里记下了一个小细节：慈禧寿宴上赏赐的有些水果是不能吃的。这说明晚清宫廷在管理上有不小的漏洞。但是不管怎样，上述二人的日记为后人再现了晚清国宴的面貌。

光绪万寿节宫宴

甲午六月，德宗万寿，赐宴太和殿，每部司官两员，余与溥倬云与焉。宴列于丹陛，接连及殿下东西。两人一筵，席地而坐。筵用几，几上数层饽饽，加以果品一层，上加整羊腿一盘。有乳茶有酒（酒系光禄寺良酝署所造）。赞礼者在殿陛上，赞跪则皆起而跪，跪毕仍坐。行酒者为光禄寺署正。酒微甜，与常味不同。宴唯水果可食，饽饽及余果，可取交从者带回。赤日行天，朝衣冠，盘膝坐，且旋起旋跪，汗流浃背；然却许从者在背后挥扇。历时两点钟之久，行礼作乐，唱喜起，舞歌备极整肃。宴之次日，赏福字、三镶如意、磁碗磁盘、袍褂料、帽纬、白绫飘带八色。恭逢盛典，渥荷殊恩，今日思之，如隔世矣。宴之坐次，自王公大臣在丹陛上，各官各按宪纲，递为坐次。西边末坐，则为朝鲜使臣宴席。朝使圆领大袖，手执牙笏，尤为恭顺。中东战后，朝为日并，殿廷上不复见朝鲜衣冠矣。（《春

明梦录》)

慈禧寿宴

初八日，雨稍止。卯正二刻颐和园仁寿殿筵宴。入座皆朝服。毓鼎改与庶子庆颐同桌。光禄寺斟酒一巡，内务府斟奶茶一巡，均系银碗。计：羊腿四只，一大盘（国语名色食牡丹）[①]；苹果四盘，葡萄四盘，荔枝、桂圆、黑枣、核桃仁各一盘；五色糖子四盘；五色饽饽二十盘，牛毛馓子三盘（每盘十六件，虚架起）。谢宴，谢盘赏，行一跪三叩礼。庆辰处礼部收取职名。辰初宴毕，以口袋携各品果饵而归（唯苹果、葡萄尚可吃，余则或生或蛀）。(《澄斋日记》)

【注释】

①国语名色食牡丹：国语指满语，牡丹亦作穆丹，糖蓉糕之类的点心。

清代廷臣宴

同治八年（1869）正月十六日，十三岁的同治帝宴请廷臣。曾国藩作为与会者之一、汉大臣首席，将当天的经历记在了日记里，这让今天的读者得以了解晚清廷臣宴的规模、礼制、流程、吃食、娱乐项目等。在皇帝露面之前，参加宴会的大学士、尚书这些高官要在帝师倭仁的带领下先彩排一次。宴会实行分餐制，每人面前一桌各色菜品、面点，吃完一轮以后再换一桌果品、菜品，众臣敬酒、皇帝赐酒之后大家再吃一轮，主要是奶茶、元宵、山茶饮，最后众臣领赏回家。有意思的是，曾国藩能清楚记得自己桌前的菜品数量和内容，对于皇帝桌前却只用“不计其数”来形容，也可见当时御膳排场。

十六日

辰正二刻起行趋朝[①]。是日廷臣宴。午正入乾清门内，由甬道至月台，用布幔帐台之南，即作戏台之出入门。先在阶下东西排立，倭艮峰相国在殿上演礼一回[②]。

午正二刻皇上出，奏乐，升宝座。太监引大臣入左、右门。东边四席，西向。倭相首座，二座文祥，三座宝鋆，四座全庆，五座载龄，六座存诚，七座崇纶，皆满尚书也[③]。西边四席，东向。余列首座，朱相次之，三座单懋谦，四座罗惇衍，五座万青藜，六座董恂，七座谭廷襄，皆汉尚书也[④]。

桌高尺许，升垫叩首，旋即盘坐。每桌前有四高装碗，如五供之状，后八碗亦鸡、鸭、鱼、肉、燕菜、海参、方饽、山楂糕之类。每人一碗，杂脍一碗，内有荷包蛋及粉条等。唱戏三出，皇上及大臣各吃饭菜。旋将前席撤去，皇上前之菜及高装碗，太监八人轮流撤出。大臣前之菜，两人抬出。一桌抬毕，另进一桌。皇上前之碟不计其数。大臣前，每桌果碟五、菜碟十。

重奏乐，倭相起，众皆起立。倭相脱外褂，拿酒送爵于皇上前，退至殿中叩首，众皆叩首。倭相又登御座之右，跪领赐爵，退至殿中跪。太监易爵⑤，另进杯酒，倭相小饮，叩首，众大臣皆叩首。旋各赐酒一杯。又唱戏三出。各赐奶茶一碗，各赐汤元一碗，各赐山茶饮一碗。每赐，皆就垫上叩首，旋将赏物抬于殿外，各起出，至殿外谢宴、谢赏，一跪三叩，依旧排立东西阶下。皇上退，奏乐。蒙赏如意一柄、瓷瓶一个、蟒袍一件、鼻烟一瓶、江绸袍褂料二副。各尚书之赏同一例也。

归寓已申刻矣。(《曾国藩日记》)

【注释】

①辰正二刻：八点半。下文各时间点：午正，十二点；午正二刻，十二点半；申刻，下午三点至五点。

②倭艮峰相国：倭仁，乌齐格里氏，字艮峰，又字艮斋，蒙古正红旗人。晚清理学名臣，同治帝师，官至文华殿大学士。演礼，预习朝见皇帝之礼。

③文祥：瓜尔佳氏，字博川，号文山，满洲正红旗人。同治五年任吏部尚书。宝鋆（yún）：索绰络氏，字佩蘅，满洲镶白旗人。同治元年（1862）任户部尚书。全庆：叶赫纳喇氏，字小汀，满洲正白旗人。同治五年（1866）授礼部尚书，后调刑部。载龄：爱新觉罗氏，字鹤峰，满洲镶蓝旗人，康熙三子诚隐郡王允祉五世孙。同治元年（1862），迁兵部尚书。存诚：爱新觉

罗氏，满洲正黄旗人，太祖九子巴布泰六世孙，曾任理藩院尚书，后改工部尚书。崇纶：许崇纶，同治七年（1868）任理藩院尚书。满尚书：清代自顺治时起设置六部汉尚书，此后六部满、汉尚书并行。

④朱相：朱凤标，字桐轩，号建霞，浙江萧山人，同治七年（1868）以吏部尚书协办大学士。单懋谦：字仲亨，号地山，湖北襄阳人，同治年间历官工部尚书、吏部尚书。罗惇衍：字星斋，又字兆蕃，号椒生，广东顺德人，同治元年（1862）任户部尚书。万青藜：字文甫，号照斋，亦号藕舲，江西九江人，同治四年（1865）任礼部尚书。董恂：原名董醇，避同治帝讳改董恂，字忱甫，号醒卿，江苏扬州人，曾任户部尚书。谭廷襄：字竹崖，浙江绍兴人，同治年间任刑部尚书、吏部尚书。

⑤易爵：换酒杯。

宫外膳食：清帝巡游与狩猎

乾隆南巡：膳单里的宫闱秘事

乾隆三十年（1765），乾隆第四次南巡。这次南巡发生了一件宫里不能公开的秘密大事——皇后不废而废。乾隆收回了那拉氏的皇后宝册，紧急册封令贵妃为皇贵妃，由她代理后宫事务。皇后和令贵妃的待遇，从乾隆南巡膳单中可以窥见一些蛛丝马迹。正月十六日，乾隆两次赏赐菜品给几位妃子，没有给皇后赏赐的记录，令贵妃还写成了“皇贵妃”。二月二十六日，乾隆分三次赏赐后妃菜品，皇后得到的是鸭子热锅一品、白菜一品、鸡蛋糕一品。对比之下，令贵妃的是鸡冠肉、苏脍、拌鸡，回人容嫔的是羊肉丝、鸡蛋奶子折尖、爆肚——这充分考虑到了她的宗教信仰和饮食习惯。这样看来，乾隆对皇后似乎没有对令贵妃、容嫔上心。闰二月十八日的膳单中，乾隆早膳还赏赐菜品给皇后，膳单上晚膳的“皇后”二字已经被盖上纸片，换上“令贵妃”三字，说明变故就发生在这一天白天。

卯初二刻请驾[①]，伺候冰糖炖燕窝一品（用春寿宝盘金钟盖）。

卯正一刻，养心殿东暖进早膳[②]，用填漆花膳桌，摆：

燕窝红白鸭子、南鲜热锅一品，酒炖肉炖豆腐一品（五福珐琅碗），清蒸鸭子烀猪肉鹿尾攒盘一品，竹节卷小馒首一品（黄盘）。

舒妃、颖妃、愉妃、豫妃进菜四品[③]、饽饽二品、珐琅葵花盒小菜一品，珐琅银碟小菜四品，随送面一品（系里边伺候），老米水膳一品（汤膳碗五谷丰登、珐琅碗金钟盖）。

额食四桌：二号黄碗菜四品、羊肉丝一品（五福碗）、奶子八品，共十三品一桌，饽饽十五品一桌，盘肉八品一桌，羊肉二方一桌。

上进毕，赏舒妃等位祭神糕一品，盒子一品，包子一品，小饽饽一品，热锅一品，攒盘肉一品，菜三品。

正月十六未正，黄新庄行宫进晚膳[④]：

用折叠膳桌，摆燕窝鸭子热锅一品、油煸白菜一品、肥鸡豆腐片汤一品（此二品五福珐琅碗）、奶酥油野鸭子一品、水晶丸子一品、攒丝烀猪肘子一品、火熏猪肚一品（此三品二号黄碗）；后送小虾米油火渣炒菠菜一品、蒸肥鸡烧狍肉鹿尾攒盘一品、猪肉馅侉包子一品、象眼棋饼小馒首一品、烤祭神糕一品、珐琅葵花盒小菜一品、珐琅碟小菜四品、随送粳米膳一品（汤膳碗五谷丰登珐琅金碗）。

额食七桌：奶子八品、饽饽三品、二号黄碗菜一品，共十二品一桌；奶子二品、饽饽十五品（内有攒盘炉食四品）共十七品一桌，内管领炉食十品一桌，盘肉二桌，每桌八品，羊肉二方二桌。

总管马国用遵旧例近日晚请皇太后看烟火，赏王子、蒙古王、郭什哈、额驸、大人、霍斯济、年班回子等酒肉、元宵、果盒食⑤，不必奏闻，记此。

正月十六日酉初二刻，万岁爷宫门升座，同王子、大人等看烟火盒子。

将茶膳房随送上用丰登果盒一副、元宵一品（五谷丰登珐琅碗）赏两边王子、蒙古王、贝勒、贝子、郭什哈昂邦、额驸、辖大人、总督、提督、布政、按察官员人等，霍济斯王、年班回子等共用皷盒⑥、果盒十六副，攒盘饽饽果子六十盘，元宵二十八盒（每盒八碗），系内管领伺候。

看灯楼伺候皇太后用丰登果盒一副，元宵一品（三号黄碗）皇后等六位，每位元宵一品，系分碗，未用果盒，记此。

看烟火毕，还行宫。伺候肉丝酸菠菜一品，鲜虾米托一品，醋溜鸭腰一品，锅塌鸡一品。

上进毕，赏皇贵妃鲜虾米托一品⑦，舒妃肉丝酸菠菜一

品，庆妃醋溜鸭子一品[8]，颖妃锅塌鸡一品。（《江南节次照常膳底档》）

【注释】

①卯初二刻：此为乾隆三十年（1765）正月十六日膳单，卯初二刻约为早上五点半，下文卯正一刻约为六点十五分，未正为下午两点，酉初二刻为下午五点半。

②东暖：应为“养心殿东暖阁”。

③舒妃：叶赫那拉氏，满洲正黄旗人，侍郎纳兰永寿之女。愉妃：珂里叶特氏，乾隆藩邸旧人，生乾隆五子永琪。豫妃：博尔济吉特氏。

④黄新庄行宫：清朝代皇家行宫，位于北京市房山区良乡地区。

⑤郭什哈：满语官名，汉译为“御前大臣”，与下文“郭什哈昂邦”同。霍斯济：此处笔误，应为霍集斯，与下文“霍济斯王”同，回部和阗城伯克（突厥语，意为“首领”“管理者”），平定西域五十功臣，画像入紫光阁。年班：清制，蒙古各王公首领及回部伯克、四川土司、蒙藏喇嘛等，各按人数多寡编定若干班次，每年各一班于年节时轮流入京朝觐。

⑥皷：古同“鼓”。

⑦皇贵妃：应该是嘉庆帝生母孝仪纯皇后魏佳氏，魏佳氏于乾隆三十年（1765）五月晋封皇贵妃，此前为令贵妃。乾隆继后剪发后，宫中档案多有涂改。

⑧庆妃：陆氏，曾抚育嘉庆帝，嘉庆追尊为庆恭皇贵妃。

二月二十六日，卯初一刻请驾，伺候冰糖燉燕窝一品[①]。

卯正一刻，游水路船上进早膳[②]，用折叠膳桌摆：

燕窝火熏撺鸭子热锅一品[③]、肥鸡鸡冠肉一品（系宋元做）、羊肉丝一品、蒸肥鸡五香猪肉攒盘一品、蜂糕一品、孙泥额芬白糕一品、竹节卷小馒首一品、银葵花盒小菜一品、银碟小菜四品、火腿四品（系昨日收的）、随送烂鸭面一品（系宋元做）、老米水膳一品。

额食二桌：饽饽六品、内管领炉食四品、盘肉二品，十二品一桌；盘肉二品、羊肉二方、四品一桌。

赏皇后鸭子热锅一品、令贵妃鸡冠肉一品、庆妃攒盘肉一品、荣嫔羊肉丝一品[④]。

二月二十六日未正，天宁寺行宫用折叠膳桌摆[⑤]：

肉片熏炖白菜一品、燕窝春笋脍五香鸡一品（系张成做），后送燕窝爆炒鸡一品、挂炉鸭子挂炉肉攒盘一品、象眼棋饼小馒首一品、鸡肉馅包子一品（系张东官做）；

高恒进燕窝肥鸡一品[⑥]、燕窝火燻煨豆腐一品、莲子煨鸭一品、春笋炖鸡一品、猪肉馅包子一品、鸡蛋奶子折尖一品、银葵花盒小菜一品、银碟小菜四品、火腿一品，随送粳米膳一品、鸡丝攒汤一品（系张成做）。

额食四桌：奶子五品、饽饽十三品、二号黄碗菜四品、二十二品一桌；饽饽三品、内管领炉食六品、九品一桌、盘肉八品一桌、羊肉二方一桌。

上进毕，赏皇后白菜一品、令贵妃苏脍一品、庆妃鸭子一品、荣嫔折尖一品。

晚膳伺候：蒸鸡蛋糕一品、燕笋拌鸡一品、醋溜肉糕一品（系宋元做）、爆肚子一品。

上进毕，赏皇后鸡蛋糕一品、令贵妃拌鸡一品、庆妃肉糕一品、容嫔爆肚子一品。

二月二十六日总管王长贵传旨，明日早膳九峰园伺候，钦此。（《江南节次照常膳底档》）

【注释】

①燉：即“炖”。

②游：即“由”。

③摔：应为“汆”。

④荣嫔：即容嫔，和卓氏，回部台吉和札赉女，二十六岁入宫，封和贵人，后晋为容妃。

⑤天宁寺行宫：扬州城北天宁寺前身为东晋谢安的别墅。乾隆二十年（1755），为迎接乾隆南巡，在天宁寺两侧扩建行宫、御花园及行宫前的御码头，以后乾隆历次南巡都住在天宁寺。咸丰年间毁于战火。

⑥高恒：字立斋，满洲镶黄旗人，乾隆慧贤皇贵妃高佳氏之弟。

乾隆避暑：时令膳

承德避暑山庄一向被清代皇室视为避暑胜地。据统计，康熙去过四十三次，乾隆去过四十八次。乾隆四十四年（1779）夏，乾隆到承德避暑。乾隆在避暑山庄的膳食与在紫禁城里不甚相同。避暑山庄的膳食中，野味、应季时蔬和杂粮较多，时蔬有白菜、扁豆、萝卜、茄子、鲜蘑等，各有其营养价值，可以中和一下乾隆平时肉食为主的饮食习惯，用不同的烹饪方法做出来，也可大饱口福。野味和杂粮基本遵循了满人的饮食习惯。

燕窝莲子扒鸭一品（系双林做），鸭子火熏罗（萝）卜炖白菜一品（系陈保住做），扁豆大炒肉一品，羊西尔占一品[①]，后送鲜蘑菇炒鸡一品。

上传拌豆腐一品，拌茄泥一品，蒸肥鸡烧狍肉攒盘一品，象眼小馒首一品，枣糕老米面糕一品，甑尔糕一品[②]，螺狮包子一品，纯克里额森一品[③]，银葵花盒小菜一品，银碟小菜四品。随送豇豆水膳一品，次送燕窝锅烧鸭丝一品，羊肉丝一品（此二品早膳收的），小羊乌叉一盘，共三盘一桌。呈进。（《驾行热河哨鹿节次膳底档》）

【注释】

①羊西尔占：满语，即肉糜。

②甑尔糕：甑子蒸出的大米面蒸糕。

③纯克里额森：又作纯克里额芬，满语，即玉米面饽饽。

庚子“西巡”：慈禧难求豆粥

光绪二十六年（1900），庚子年，八国联军打进北京，慈禧太后带着光绪仓皇西逃，《清史稿》为尊者讳，称为“两宫西狩”。两宫这段“旅程”后，光绪本人的回忆被记载在《实录》之中，接驾的怀来知县吴永记下了慈禧的痛哭和饥饿，随銮的侍卫岳超回忆这次经历，写下《庚子—辛丑随銮纪实》。逃难之初，慈禧和光绪真是惶惶如丧家之犬，路上没有吃的，还要担心后面的追兵。进了太原城，不用担心追兵，又有当年乾隆留下的仪仗，慈禧开始恢复以往的排场。及到了西安，慈禧只当是在行宫，享乐照旧。《清稗类钞》中也记下了慈禧在西安“行在”的日常。

光绪：豆粥难求

试思乘舆出走，风鹤惊心。昌平、宣化间，朕侍皇太后素衣将敝，豆粥难求，困苦饥寒，不如甿庶[1]。（《清实录·光绪

实录》)

【注释】

①甿庶：百姓。

慈禧：小米粥速进

太后哭罢，复自诉沿途苦况，谓：“连日奔走，又不得饮食，既冷且饿。途中口渴，命太监取水，有井矣而无汲器，不得已，采秫秸杆与皇帝共嚼，略得浆汁，即以解渴。昨夜我与皇帝仅得一板凳，相与贴背共坐，仰望达旦。晓间寒气凛冽，森森入毛发，殊不可耐。尔试看我已完全成一乡姥姥，即皇帝亦甚辛苦。今至此已两日不得食，腹馁殊甚，此间曾否备有食物？”予曰[①]：“有席为溃兵所掠。煮有小米绿豆粥三锅，预备随从尖点，亦为彼等掠食其二。今只余一锅，恐粗粝不敢上进。”曰：“有小米粥甚好，可速进。”遂将小米粥送入，仓猝不得箸，即将随身小刀、牙筷呈进。顾余人不能遍及，太后命折秫秸梗为之。俄闻内争饮豆粥，唼喋有声，似得之甚甘者。太后想食鸡卵。予乃至市中，入一空肆，觅得五卵，自行吹火勺水，以空釜煮之，继更觅得粗碗一，佐以食盐一撮，捧交内监呈进。太后进三卵，皇上进二卵。(《庚子西狩丛谈》)

【注释】

①予：作者吴永，字渔川，时任怀来知县。

庚子西巡琐记

光绪庚子拳匪之乱，八国联军入京，孝钦后挟德宗出走，皆单衣也。德宗捧小匣一以从，日夕不去手。至怀来县，某贝子接之，启视，则其中藏南枣五枚、烧饼一枚而已。

行在膳房极简率，以生鱼难求，故传单不用鱼。

行宫之茶膳，月需三四千金，厨房百余人，茶饭皆在此数。每晨支应局进生菜，悉依传单购备，鸡三四只，猪肉十余斤而已。如膳房添进时鲜，或多用鸡肉，则在内司房领价，不得于支应局常供有所增益。

行宫极陕隘，膳房在东，炭房在西，内监唯御前供奉者在宫中，余俱在宫门外东街箭道，谓之大坦坦。两宫太监数千人，其奏事首领称为宽尔达，余亦各有品秩。此次随扈者不及百人，在御前给事者，数人而已。

两宫传膳，内监十数人，来往传递杯盘，极严肃。供此役者，冠皆无顶，盖新进无秩者也。间有供奉勤慎者，超出侪辈，冠始有顶矣。长安果品少，无可进御，唯同州瓜、渭南桃较佳，抚藩每购数百枚以进。两宫辄增凄感，再三慰劳，并止后毋进呈，虑费财力。其实每贡一次，不过费钱十数千而已。

御膳房制奶酪，买牛最难，盖秦中年荒牛少故也。数月之间，仅购得七八头。回銮后，命西安府豢养，刍秣取给公家，于府署马厩侧，树木栅以养之。(《清稗类钞》)

清宫食具：美食须美器

美食美器是饮食文化的一项重要内容。俗话说“好马配好鞍”，美食也需要美器来衬。御膳在被摆上餐桌之前，餐具的选用、搭配也是一项重要工作，有些菜品和餐具逐渐形成一些固定搭配，如前文所列各类膳单中，二号黄碗装猪肚、肘子类肉食，三号黄碗装饭粥类主食。清宫食器仍是以盘、碗、杯、碟、匙、箸等为主，这与寻常百姓家并无二致，真正体现皇家排场的是这些食器的材质：金、银、玉、瓷、水晶、珐琅、翡翠、玛瑙等，其中清宫瓷器由江西景德镇官窑按规定特意烧制而成。清宫很多食器都有专名，如著名的“金瓯永固杯”“雕漆飞龙宴盒”“和阗白玉错金嵌宝石碗”等。按照清宫制度，从皇太后、皇后到皇子侧室福晋，居所中所用器具都有定例，这其实也是一种皇家排场。

铺　宫

皇太后：玉盏金台一副、金执壶二、金方一、金盘十五、金碟六、金碗五、金茶瓯盖一、嵌松石金匙一、金匙二、金镶牙箸一双、金云包角桌二、银方一、银盂一、银盘四十、银碟十、银碗十五、银茶瓯盖十、银匙十五、银镶牙箸十双、银茶壶三、银背壶十五、银铫四、银火壶二、银锅二、银罐二、银罐三、银杓四、铜提炉二、铜八卦炉四、铜手炉二、铜瓦高灯六、铜遮灯二、铜蜡签十四、铜剪烛罐八副、铜签盘五、铜舀二、铜簸箕一、锡盆十、锡池二、锡茶碗盖五、锡茶壶三十四、锡背壶四、锡火壶二、锡坐壶八、锡里冰箱二、锡屉钴二、铁八卦炉一、铁火炉十、铁火罩六、铁坐更灯六、铁火镊四、黄磁盘二百五十、各色磁盘百、黄磁碟四十五、各色磁碟五十、黄磁碗百、各色磁碗五十、黄磁钟三百、各色磁钟七十、各色磁杯百、磁渣斗六、洋漆矮桌二、漆合三十、漆茶盘十五、漆皮盘二十五、戳灯三十、香几灯十四、羊角手把灯八。(《国朝宫史》)

乾隆的金银餐具

金羹匙一件、金匙一件、金叉子一件、金镶牙箸一双、银西洋热水锅二口、有盖银热锅二十三口、有盖小银热锅六口、无盖银热锅十口、银锅一口、银锅盖一个、银饭罐四件、有盖银铫子六件、银镟子四件、有盖银暖碗二十四件、银盖碗六件、银钟盖五件、银錾花碗盖二件、银匙二件、银羹匙十三件、半边黑漆葫芦一个、内盛银碗六件、银桶一件、内盛金镶牙箸二双、银匙二件、乌木筷十双、高丽布三块、白纺丝一块、黑漆葫芦一个、内盛皮七寸碗二件、皮五寸碗二件、银镶里皮茶碗十件、银镶里五寸无分皮碗一件、银镶里罄口三寸六分皮碗九件、银镶里三寸皮碗二十二件、银镶里皮碟十件、银镶里皮套杯六件、皮三寸五分碟十件、汉玉镶嵌紫檀银羹匙、商丝银匙、商丝银叉子二件、商丝银筷二双、银镶里葫芦碗四十八件、银镶红彩漆碗十六件。(《御膳房金银玉器底档》)

道光的木制餐具

金镶里花梨木碗二十二件（随碗座，金里无成色分量），金镶里花梨木碗六件（随碗座，三等金），六件金里共重五十一两七钱五分；金镶裹花梨木碗两件（随碗座，头等金），两件金裹里共重十八两二钱二分；金镶里花梨木碗四件（随碗座，九成金），四件金里共重三十九两六钱；白瓷盘三百四十六件。共等样器皿三百八十件。(《寿皇殿笾豆供上所用等样器皿底档》)

风味人间：食材的碰撞与交融

一粥一饭

传说黄帝“蒸谷为饭、烹谷为粥”，饭和粥的诞生可以追溯到远古时代。清代著名美食家袁枚说饭是“百味之本”，粥被今人称为“最能抚慰中国胃的食物”。粤语里有一句俗语叫“有粥食粥，有饭食饭”，这是一种饮食习惯，更是一种人生态度和智慧。

水和米的比例决定了最终成品是饭还是粥。很多中国人一日三餐都吃大米饭，可能吃一辈子都不会腻。简单的食材，也可以做出诸多不同的花样，大米可以加山桃、莲藕、野葛、荷叶等。煮饭甚至从小孩的游戏演变成为一种习俗。粥的养生功能是它一直以来受人们喜爱的原因所在。《史记》有医生用“火齐粥”治病的记载，“医圣”张仲景在《伤寒论》中提出了热粥助药力的说法，宋代大诗人陆游则写诗说“只将食粥致神仙”，明代李时珍在《本草纲目》里说每天早上喝粥是“饮食之妙诀”。到了清代，关于粥的专著《粥谱》提出了“粥能宜人，老年尤宜”的观点，不仅记载粥的做法，还附上每一种粥的功用。清代美食家对于粥的做法，从选材、用水到火候都有独到见解。

蟠桃饭

蟠桃饭者，以山桃用米泔煮熟，漉置水中，去核，候饭锅滚，投入，与饭同熟。(《清稗类钞》)

玉井饭

玉井饭者，削藕，截作块，采新莲去皮，候饭少沸，投之，饭熟同食。(《清稗类钞》)

薏苡饭

薏苡饭者，薏苡舂熟，炊为饭，气味须如麦饭乃佳。(《清稗类钞》)

野葛饭

野葛饭者，罗定州人常食之[①]。罗定多山田，辄莳野葛，大如拳，味甘而性寒。采后，刀断之，如骰子状，沤之水，两昼夜发白沫，更以清水淘之，去其寒毒，曝令干，煮时与谷参半。

（《清稗类钞》）

【注释】

①罗定州：位于广东省西部，现为罗定市。

炒米

炒米，古之火米也。或曰米花，或曰米泡。盖以米杂砂炒之，粳米、糯米则不拘，极松脆，以之作点心，或干嚼或水冲，皆可，有视为珍品以享客者。（《清稗类钞》）

姑熟炒饭

当涂人尚炒饭。或特地煮饭俟冷，炒以供客。不着油盐，专用白炒，以松、脆、香、绒四者相兼，每粒上俱带微焦。小薄锅巴皮更为道地，他处不能。其用油、盐硬炒者不堪用。（《调鼎集》）

荷香饭

白米淘净，以荷叶包好放小锅内，河水煮。（《调鼎集》）

年　饭

年饭用金银米为之，上插松柏枝，缀以金钱、枣、栗、龙眼、香枝，破五之后方始去之。(《燕京岁时记》)

野火饭

是日[1]，儿童对鹊巢支灶，敲火煮饭，名曰“野火米饭”。

案:《辇下岁时记》:“清明，尚食、内园官小儿于殿前钻火[2]，先得火者进上，赐绢三匹，金碗一口。”吾乡野火米饭犹循钻火遗风。钱思元《吴门补乘》亦载野火米饭之俗。(《清嘉录》)

【注释】

①是日：指清明。

②尚食：官名、官署名。掌供奉皇帝膳食。秦有尚食，为“六尚”之一。

神仙粥

糯米半合[1]，生姜五大片，河水二碗，入砂锅煮二滚，加入带须葱头七八个，煮至米烂。入醋半小钟，乘热吃。或只吃粥汤，亦效。米以补之，葱以散之，醋以收之，三合甚妙。(《食宪鸿秘》)

【注释】

①合（gě）：量词。一升的十分之一。

胡麻粥

胡麻去皮蒸熟，更炒令香。每研烂二合，同米三合煮粥。胡麻皮肉俱黑者更妙，乌须发、明目、补肾，仙家美膳。(《食宪鸿秘》)

薏苡粥

薏米虽舂白[①]，而中心有坳[②]，坳内糙皮如梗，多耗气。法当和水同磨，如磨豆腐法，用布滤过，以配芡粉、山药乃佳。薏米治净，停对白米煮粥[③]。(《食宪鸿秘》)

【注释】

①舂：把东西放在石臼或乳钵里捣掉皮壳或捣碎。

②坳：本指山间的平地，这里指薏米上面小而浅的凹陷部分。

③停对：各半，对半。

山药粥（补下元[①]）

怀山药为末[②]，四六分配米煮粥。（《食宪鸿秘》）

【注释】

①下元：中医指“肾气”，即下焦的元气。

②怀山药：山药以古怀庆府（治今河南焦作）所产最为地道，故名。又名“怀山”。

肉　粥

白米煮成半饭[①]，碎切熟肉如豆，加笋丝、香蕈、松仁，入提清美汁[②]，煮熟。咸菜采啖[③]，佳。（《食宪鸿秘》）

【注释】

①半饭：半熟的米饭。

②提清美汁：提炼出的美味清汤。

③咸菜采啖：采摘咸菜的嫩心就着肉粥吃。

羊肉粥

蒸烂羊肉四两，细切，加入人参、白茯苓各一钱、黄芪五分，俱为细末，大枣二枚，细切，去核，粳米三合、飞盐二分，煮熟。

（《食宪鸿秘》）

鸡　粥

肥母鸡一只，用刀将两脯肉去皮细刮，或用刨刀亦可；只可刮刨，不可斩，斩之便不腻矣。再用凉鸡熬汤下之。吃时加细米粉、火腿屑、松子肉，共敲碎放汤内。起锅时放葱、姜，浇鸡油，或去渣，或存渣，仅可。宜于老人。大概斩碎者去渣，刮刨者不去渣。（《随园食单》）

鸡豆粥

磨碎鸡豆为粥，鲜者最佳，陈者亦可。加山药、茯苓尤妙。（《随园食单》）

暗香粥①

落梅瓣，以绵包之②，候煮粥熟下花，再一滚③。（《养小录》）

【注释】

①暗香：指蜡梅花。宋林逋有“疏影横斜水清浅，暗香浮动月黄昏”诗句，后常用“暗香”指梅花。

②绵：丝绵。此指丝织品。

③滚：煮开。

木香粥

木香花片，入甘草汤焯过，煮粥熟时入花，再一滚，清芳之至，真仙供也。(《养小录》)

茯苓粉粥

茯苓粉粥，以白茯苓一斤，切片，用水洗去赤汁，又换水浸一日，捣烂，绞汁，加水搅和，待澄去水，取粉晒干，拌米煮粥。(《清稗类钞》)

枸杞粥

枸杞粥，以甘枸杞一合，生者研如泥，干者为末，每粥一瓯，加入半盏，并白蜜一二匙，和匀食之。(《清稗类钞》)

百合粥

百合粥，用生百合一升、白蜜一两，将百合切碎同蜜熏熟煮，米粥将起入百合三合同煮。(《清稗类钞》)

荼蘼粥

荼蘼粥者，采荼蘼花片，用甘草汤焯过，候熟同煮。(《清稗类钞》)

芡实粥

芡实粥者，芡实三合，新者研成膏，陈者作粉，和粳米三合，煮粥食之。(《清稗类钞》)

火腿粥

金华淡火腿去肥膘，切丁、装袋，用白米加香米一撮，煮粥。(《调鼎集》)

芝麻粥

芝麻去皮蒸熟（取香气）研烂，每二合配米三合煮粥。芝麻皮、肉皆黑者更妙。乌须、明目、补肾，修炼家美膳也。

莲肉粥

《圣惠方》[1]：补中强志。按：兼养神益脾，固精，除百疾。去皮心，用鲜者煮粥更佳。干者如经火焙，肉即僵，煮不能料。或磨粉加入，湘莲胜建莲，皮薄而肉实。(《粥谱》)

【注释】

①《圣惠方》：即《太平圣惠方》，北宋王怀隐、王祐等奉敕编写，汇录两汉至宋初名方。

藕　粥

慈山参入[1]：治热渴，止泄，开胃消食，散留血[2]，久服令人心欢。磨粉调食，味极淡，切片煮粥，甘而且香。凡物制法异，能移其气味，类如此。(《粥谱》)

【注释】

①该粥方为曹慈山加入，曹慈山即《粥谱》作者曹庭栋，庭栋是字。

②留血：瘀血。

荷鼻粥

慈山参入：荷鼻即叶蒂。生发元气，助脾胃，止渴止痢，固精，连茎叶用亦可。色青形仰，其中空，得震卦之象。《珍珠囊》[1]：煎汤烧饭和药，治脾。以之煮粥，香清佳绝。(《粥谱》)

【注释】

①《珍珠囊》：药书名，一名《洁古老人珍珠囊》，金代张元素著。

丝瓜叶粥

慈山参入：丝瓜性清寒，除热利肠，凉血解毒。叶性相类。瓜长而细，名“马鞭瓜”，其叶不堪用；瓜短而肥，名“丁香瓜”，其叶煮粥香美。拭去毛，或姜汁洗。(《粥谱》)

柿饼粥

《食疗本草》[1]：治秋痢。又《圣济方》[2]：“治鼻窒不通。”按，兼健脾涩肠，止血止嗽，疗痔。日干为白柿，火干为乌柿，宜用白者。干柿去皮纳瓮中，待生白霜，以霜入粥尤胜。(《粥谱》)

【注释】

①《食疗本草》：唐代孟诜著，唐代食疗专著。

②《圣济方》：疑为《圣济总录》，宋代太医院编。

羊肾粥

《饮膳正要》[1]：治阳气衰败，腰脚痛。加葱白、枸杞叶，同五味煮汁，再和米煮。又《良疗心镜》："治肾虚精竭，加豉汁五味煮。"按，兼治耳聋脚气。方书每用为肾经引导。(《粥谱》)

【注释】

①《饮膳正要》：元代忽思慧著，营养学专著。

面面俱到

中国的面食传承已久，而且风味各异，品种不计其数。早期的面食称为“饼”“饵”，做法主要是蒸和煮，较为单调。早期的小麦甚至是人工脱壳，经过几千年的发展，面食从食材、做法、炊具和灶具都有了飞跃，也形成了非常有中国特色的面食文化。清代的面食种类特别丰富，汉族的众多面点自不必说，尚有满洲特色面点饽饽、萨其马等，清代北京特色糕点太阳糕、花糕等，晚清有面包、布丁等西式面点，还有老婆饼、“阁老饼”、内府玫瑰火饼等具有人文特色的面食。

蒸酥饼

笼内着纸一层，铺面四指，横顺开道，蒸一二炷香①，再蒸更妙。取出，趁热用手搓开，细罗罗过，晾冷，勿令久阴湿。候干，每斤入净糖四两，脂油四两②，蒸过干粉三两，搅匀，加温水和剂，包馅，模饼③。(《食宪鸿秘》)

【注释】

①一二炷香：指烧一两炷香的时间。常说的一炷香时间，大约半个时辰，即一个小时。

②脂油：由熬炼动物脂而得到的动物油，这里指用猪板油熬成的优质猪油。

③模饼：用模子压制成饼。模，指用模子压印。

薄脆饼

蒸面，每斤入糖四两、油五两，加水和，擀开，半指厚。取圆[1]，粘芝麻，入炉。(《食宪鸿秘》)

【注释】

①取圆：制成圆形面饼。

果馅饼

生面六斤，蒸面四斤，脂油三斤，蒸粉二斤，温水和，包馅入炉。(《养小录》)

粉　枣[1]

江米（晒变色，上白者佳）磨细粉称过，滚水和成饼，再入滚水煮透，浮起，取出，冷[2]，每斤入芋汁七钱，搅匀和好，切指顶大[3]，晒极干，入温油慢泡，以软为度。渐入热油，后入滚油，候放开[4]，仍入温油，候冷取出，白糖掺粘[5]。(《养小录》)

【注释】

①粉枣：类似现在的江米条。因块小而长似枣，外面沾一层白糖如粉状。

②冷：让刚煮出来的江米饼凉透。

③指顶大：指尖大。

④放开：膨胀发大。

⑤白糖掺粘：撒入白糖，使其沾满在粉枣表面。

玉露霜

天花粉四两，干葛一两，桔梗一两（俱为面），豆粉十两，四味搅匀。干薄荷用水洒润，放开，收水迹，铺锡盂底，隔以细绢，置粉于上。再隔绢一层，又加薄荷。盖好，封固。重汤煮透[1]，取出，冷定。隔一二日取出，加白糖八两和匀，印模。

一方：止用菉豆粉[2]、薄荷，内加白檀末。(《食宪鸿秘》)

【注释】

①重汤：隔水蒸煮。

②菉豆：即绿豆。

内府玫瑰火饼

面一斤、香油四两、白糖四两热水化开和匀，作饼。用制就玫瑰糖[①]，加胡桃白仁、榛松瓜子仁、杏仁煮七次，去皮尖、薄荷及小茴香末擦匀作馅[②]。两面粘芝麻熯热[③]。(《食宪鸿秘》)

【注释】

①制就：制好。就，完成、成功的意思。

②擦匀：疑为“搅匀”。

③熯(hàn)热：烤熟。熯，烧，烘烤；热，当作“熟”。

松子海啰干

糖卤入锅，熬一饭顷[①]。搅冷，随手下炒面，旋下剁碎松子仁[②]，搅匀，拨案上(先用酥油抹案)擀开，乘温切象眼块[③]。(《养小录》)

【注释】

①顷：短时间。

②旋：不久，立刻。

③象眼块：指切成两头尖、中间宽，类似菱形，似大象眼睛大小的块。

椒盐饼

白糖二斤、香油半斤、盐半两、椒末一两、茴香末一两，和面，为瓤更入芝麻粗屑尤妙。每一饼夹瓤一块，擀薄熯之。

又法：汤、油对半和面，作外层，内用瓤。(《食宪鸿秘》)

到口酥

酥油十两，化开，倾盆内，入白糖七两，用手擦极匀。白面一斤，和成剂，擀作小薄饼，拖炉微火熯。

或印。或饼上栽松子①，即名松子饼。(《食宪鸿秘》)

【注释】

①栽：安上，插上。

素焦饼

瓜、松、榛杏等仁①，和白面，捣印②，烙饼。(《食宪鸿秘》)

【注释】

①榛（zhēn）杏：一种兼食用果肉和杏仁的杏，因其杏仁可比拟榛子而得名。

②印：用模子压印，压制。

韭饼（荠菜同法）

好猪肉细切臊子，油炒半熟或生用，韭生用，亦细切，花椒、砂仁酱拌。擀薄面饼，两合拢边熯之，北人谓之“合子”。（《食宪鸿秘》）

光烧饼（即北方代饭饼）

每面一斤，入油半两，炒盐一钱，冷水和，骨鲁槌擀开[①]。鏊上烳[②]，待硬，缓火烧热[③]。极脆美。（《食宪鸿秘》）

【注释】

①骨鲁槌：擀面杖。

②鏊（ào）：一种铁制的烙饼的炊具，平面圆形，中间稍凸。烳（bó）：烘烤。

③热：当作“熟”。

八珍糕

山药、扁豆各一斤，苡仁、莲子、芡实、茯苓、糯米各半斤，白糖一斤。（《食宪鸿秘》）

水明角儿

白面一斤，逐渐撒入滚汤，不住手搅成稠糊。划作一二十块，冷水浸至雪白，放稻草上拥出水[①]。豆粉对配[②]，作薄皮包馅，蒸，甚妙。(《食宪鸿秘》)

【注释】

①拥出水：把水挤出来、渗出来。

②对配：对半放入。

酥黄独

熟芋切片，榛松杏榧[①]等仁为末、和面拌酱，油炸，香美。(《养小录》)

【注释】

①榧（fěi）：即香榧。紫杉科，常绿乔木。果实叫榧子，可供食用和药用。木材耐潮，是造船、建筑等的用材。

馅　料

核桃肉、白糖对配，或量加蜜或玫瑰、松仁、瓜仁、榛杏。(《食宪鸿秘》)

糖卤（凡制甜食，须用糖卤。内府方也）

每白糖一斤，水三碗，熬滚。白绵布滤去尘垢，原汁入锅再煮，手试之，稠粘为度。（《食宪鸿秘》）

制酥油法

牛乳入锅熬一二沸，倾盆内冷定，取面上皮。再熬，再冷，可取数次皮。将皮入锅煎化，去粗渣收起，即是酥油。留下乳渣，如压豆腐法压用。（《食宪鸿秘》）

乳滴（南方呼焦酪）

牛乳熬一次，用绢布滤冷水盆内。取出再熬，再倾入水，数次，膻气净尽。入锅，加白糖熬热，用匙取乳滴冷水盆内水另换，任成形象。或加胭脂、栀子各颜色，美观。（《食宪鸿秘》）

阁老饼

邱琼山[①]：尝以糯米淘净，和水粉，沥干[②]，计粉二分，白面一分。其馅随用。熯熟为供。软腻，甚适口。（《食宪鸿秘》）

卖饼

《中国服饰》，1800年伦敦出版

卖肉

《中国服饰》，1800 年伦敦出版

卖鱼

《中国服饰》，1800 年伦敦出版

酿酒

《中国服饰》，1800 年伦敦出版

【注释】

①邱琼山：邱濬，字仲深，号琼山，别署赤玉峰道人，海南琼山人，明孝宗弘治年间官至礼部尚书兼文渊阁大学士。

②沥干：滤干，漉干。

核桃饼

核桃肉去皮，和白糖，捣如泥，模印。稀不能持。蒸江米饭，摊冷，加纸一层，置饼于上一宿，饼实而米反稀。(《食宪鸿秘》)

芰什麻（南方谓之“浇切”）

白糖六两、饧糖二两[①]，慢火熬。试之稠粘，入芝麻一升，炒面四两，和匀。案上先撒芝麻，使不粘，乘热拨开，仍撒芝麻末，骨鲁槌擀开，切象眼块。(《食宪鸿秘》)

【注释】

①饧（xíng）糖：麦芽糖，糖稀。

梳儿印

生面、绿豆粉停对[①]，加少薄荷末同和，搓成条，如箸头大，切二分长。逐个用小梳掠齿[②]印花纹。入油炸熟，漏勺捞起，乘

热撒白糖拌匀。(《养小录》)

【注释】

①停对：分量各占一半。停，同样分量。

②掠齿：用梳齿轻轻压一下。

老婆饼

广州有饼，人呼之为老婆饼。盖昔有一人，好食此饼，至倾其家，后复鬻其妻购饼以食之也。以梁广济饼店所售者为尤佳。(《清稗类钞》)

盲公饼

盲公饼出广州，以昔有一瞽者[①]，制饼以致大富，后人因取“盲公”二字以为之名。(《清稗类钞》)

【注释】

①瞽：眼睛瞎。

鲍　酪

乾隆时，有以牛乳煮令百沸，点以青盐卤，使凝结成饼，佐以香秔米粥[①]，食之，绝佳。复有以蔗饧法制如螺形，甘洁异

常。始于鲍氏，故名鲍螺，亦名鲍酪。(《清稗类钞》)

【注释】

①秔（jīng）：同“粳”。

煎牛乳皮

取牛乳皮之法，以乳浆入钵，滚以热水，以扇扇之，使迎风而结皮，取起，再扇再起。弃其清乳不用，将皮再用滚水置火中煎化，加好茶卤一大杯，芝麻、胡桃仁各研极细，筛过调匀。若欲其咸，加盐卤少许。(《清稗类钞》)

京都点心

京都点心之著名者，以面裹榆荚，蒸之为糕，和糖而食之。以豌豆研泥，间以枣肉，曰豌豆黄。以黄米粉合小豆、枣肉蒸而切之，曰切糕。以糯米饭夹芝麻糖为凉糕，丸而馅之为窝。窝，即古之不落夹是也。(《清稗类钞》)

韭　合

韭合者，以韭菜切末，加作料，包以面皮，入油灼之，面中加酥更妙。(《清稗类钞》)

巧　果

巧果，点心也，以粉条作花胜形，炸以油。(《清稗类钞》)

糉

糉[1]，食品，大率以为点心，以箬叶裹糯米，煮熟之，形如三角。古用黏黍，故谓之角黍。其中所实之物，火腿、鲜猪肉者味咸，莲子、夹沙者味甜。(《清稗类钞》)

【注释】

①糉(zòng)：同“粽”。

馓　子

以糯粉和面，牵索纽捻，成环钏之形，油煎食之，谓之馓子。古曰寒具，亦曰环饼。(《清稗类钞》)

油灼桧

油灼桧点心也，或以为肴之馔附属品。长可一尺，捶面使薄，以两条绞之为一，如绳，以油灼之。其初则肖人形，上二手，

下二足，略如乂字。盖宋人恶秦桧之误国，故象形以诛之也。（《清稗类钞》）

扁　食

北方俗语，凡饵之属，水饺、锅贴之属，统称为扁食，盖始于明时也。（《清稗类钞》）

麦饼、麦片、麦筋

北麦花昼开，南麦花夜开，故南麦发病而北麦养病。帘子棍、韭菜边、一窝丝，皆麦名也。或摊作饼，或削作片，或洗作筋，食之皆妙。桐乡严缁生太史辰在京时，晨必食半斤，但以白水漉之，加白酱油一杯，越酒三杯，不佐以肴，其味独绝。（《清稗类钞》）

馒　头

馒头，一曰馒首，屑发酵，蒸熟隆起成圆形者。无馅，食时必以肴佐之。后汉诸葛亮南征，将渡泸水时，土俗杀人首祭神，亮令以羊豕代之，取画人头祭之。馒头名始此。（《清稗类钞》）

包　子

南方之所谓馒头者，亦屑发酵蒸熟，隆起成圆形，然实为包子。包子者，宋已有之。《鹤林玉露》曰："有士人于京师买一妾，自言是蔡太师府包子厨中人。一日，令其作包子，辞以不能，曰：'妾乃包子厨中缕葱丝者也。'"盖其中亦有馅，为各种肉，为菜，为果，味亦咸甜各异，唯以之为点心，不视为常餐之饭。（《清稗类钞》）

烧　卖

烧卖亦以为之，上开口有襞积形略如荷包①，屑猪肉、虾、蟹、笋、蕈以为馅，蒸之即熟。（《清稗类钞》）

【注释】

①襞：衣服折叠。

馄　饨

馄饨，点心也，汉代已有之。以薄为皮，有襞积，人呼之曰绉纱馄饨，取其形似也。中裹以馅，咸甜均有之。其熟之之法，则为蒸，为煮，为煎。粤肆售此者，写作云吞。（《清稗类钞》）

饺

饺，点心也，屑米或面皆可为之，中有馅，或谓之粉角。北音读角为矫，故呼为饺。蒸食、煎食皆可。蒸食者曰汤饺，其以水煮之而有汤者曰水饺。(《清稗类钞》)

神糕

坤宁宫祭神之糕，以糯米为之。祭毕，颁赐内廷诸大臣，曰神糕。(《清稗类钞》)

年糕

年糕捣糯米而成，本为馈岁之品。至光、宣时，则以为普通之点心，常年有之矣。有以菜、肉煮为汤者，有以火腿、笋、菜炒之者，味皆咸。其甜者，则为猪油夹沙而加以桂花、玫瑰花，可蒸食。(《清稗类钞》)

耐饥丸

糯米一升，淘洗净洁候干。炒黄，研极细粉，用红枣肉三

升（约五六斤重）、水洗蒸熟，去皮核，入石臼内，同米粉捣烂，为大丸，晒干，滚水冲服。（《醒园录》）

宫笔花饼

中秋节届，粤俗馈赠品于月饼而外，有所谓宫笔花饼者，涂以花草人物，灿染以五彩，以锦匣装潢之。（《调鼎集》）

百合饼

百合饼，以百合根曝干捣筛，和面作饼。（《调鼎集》）

西湖藕粉

藕粉以产自杭州之西湖者为佳，湖上茶肆、寺院悉售之，游客必就尝，以其调之得法也。仁和吴我鸥观察珩有咏藕粉诗云："银芽揉碎碎，石臼捣团团。淘以霜泉洁，凝成雪片干。调冰双箸急，屑玉一瓯寒。云母何须炼，清心此妙丹。"（《调鼎集》）

凉　粉

广东罗浮山有凉粉草，茎叶秀丽，香犹檀藿。以汁和米粉

煮之，为凉粉，名仙人冻。当暑出售，食之沁人心脾。然凉粉所在皆有，盖以鬼木莲及他物为之也。(《调鼎集》)

满州饽饽

外皮每白面一斤，配脂油四两，滚水四两搅匀，两手用力揉，越多越好。内面每白面一斤，配脂油半斤（如干再加油），揉极熟，总以不硬不软为度。将前后二面合成一大块，加油揉匀，摊开打卷，切作小块，摊开包馅即（胡桃等仁），下炉熨熟。月饼同。或用好香油扣面更妙。其应用分两、轻重与脂油同。(《调鼎集》)

太阳糕（以下二月）

二月初一日，市人以米麦团成小饼，五枚一层，上贯以寸余小鸡，谓之太阳糕。都人祭日者，买而供之，三五具不等。(《燕京岁时记》)

龙抬头

二月二日，古之中和节也。今人呼为龙抬头。是日食饼者谓之龙鳞饼，食面者谓之龙须面。闺中停止针线，恐伤龙目也。

(《燕京岁时记》)

舍缘豆(以下四月)

四月八日,都人之好善者,敢青黄豆数升,宣佛号而拈之。拈毕煮熟,散之市人,谓之舍缘豆。预结来世缘也。

谨按,《日下旧闻考》:京师僧人念佛号者,辄以豆记其数。至四月八日佛诞生之辰,煮豆微撒以盐,邀人于路请食之,以为结缘。今尚沿其旧也。(《燕京岁时记》)

榆钱糕

三月榆初钱时,采而蒸之,合以糖面,谓之榆钱糕。四月以玫瑰花为之者,谓之玫瑰饼。以藤萝花为之者,谓之藤罗饼。皆应时之食物也。(《燕京岁时记》)

凉炒面

四月麦初熟时,将面炒熟,合糖拌而食之,谓之凉炒面。(《燕京岁时记》)

端阳（以下五月）

京师谓端阳为五月节，初五日为五月单五，盖端字之转音也。每届端阳以前，府第朱门皆以粽子相馈贻，并副以樱桃、桑葚、荸荠、桃、杏及五毒饼、玫瑰饼等物。其供佛祀先者，仍以粽子及樱桃、桑葚为正供。亦荐其时食之义。（《燕京岁时记》）

冰胡儿

京师暑伏以后，则寒贱之子担冰吆卖，曰冰胡儿。胡者核也。（《燕京岁时记》）

月　饼

中秋月饼以前门致美斋者为京都第一，他处不足食也。至供月月饼到处皆有。大者尺余，上绘月宫蟾兔之形。有祭毕而食者，有留至除夕而食者，谓之团圆饼。

按，《帝京景物略》：八月十五日祭月，其祭果饼必圆，分瓜必牙错瓣刻之，如莲花。纸肆市月光纸，缋满月像，趺坐莲花者，月光遍照菩萨也。花下月轮桂殿，有兔杵而人立，捣药臼中。纸小者三寸，大者丈，致工者金碧缤纷。家设月光位于月所出方，向月供而拜，则焚月光纸，撤所供，散家之人必遍。月饼月果，戚属馈遗相报。饼有径二尺者。女归宁，是日必返其夫家，曰团圆节也。以上所云与今强半相同。供月之说，其来旧矣。(《燕京岁时记》)

花 糕

花糕有二种：其一以糖面为之，中夹细果，两层三层不同，乃花糕之美者；其一蒸饼之上星星然缀以枣栗，乃糕之次者也。每届重阳，市肆间预为制造以供用。

按，《析津志》：九月九日，都人以面为糕，馈遗作重阳节。又《帝京景物略》：面饼面种枣栗星星然曰花糕。糕肆标绿旗。父母迎其女来食，曰女儿节。今糕肆无标旗者，亦无迎女来食者。盖风尚之不同也。(《燕京岁时记》)

京师十月美食[1]

京师食品亦有关于时令。十月以后，则有栗子、白薯等物。栗子来时用黑砂炒熟，甘美异常。青灯诵读之余，剥而食之，颇有味外之味。白薯贫富皆嗜，不假扶持，用火煨熟，自然甘美，较之山药、芋头尤足济世，可方为朴实有用之材。中果、南糖到处有之。萨其马乃满洲饽饽，以冰糖、奶油和白面为之，形如糯米，用不灰木烘炉烤熟，遂成方块，甜腻可食。芙蓉糕与萨其马同，但面有红糖，艳如芙蓉耳。冰糖壶卢乃用竹签，贯以葡萄、山药豆、海棠果、山里红等物，蘸以冰糖，甜脆而凉。冬夜食之，颇能去煤炭之气。温朴形如樱桃而坚实，以蜜渍之，既酸且甜，颇能下酒。皆京师应时之食品也。(《燕京岁时记》)

【注释】

①此篇原标题为“栗子、白薯、中果、南糖、萨其马、芙蓉糕、冰糖壶卢、温朴”，太长。本书改为“京师十月美食”。

水乌他、奶乌他

水乌他，以酥酪合糖为之，于天气极寒时，乘夜造出，洁白如霜，食之口中有如嚼雪，真北方之奇味也，其制有梅花、方胜诸式，以匣盛之。奶乌他大致相同，而其味稍逊。(《燕京岁时记》)

腊八粥(以下十二月)

腊八粥者，用黄米、白米、江米、小米、菱角米、栗子、红江豆、去皮枣泥等，和水煮熟，外用染红桃仁、杏仁、瓜子、花生、榛瓤、松子，及白糖、红糖、琐琐葡萄，以作点染。切不可用莲子、扁豆、薏米、桂圆，用则伤味。每至腊七日，则剥果涤器，终夜经营，至天明时则粥熟矣。除祀先供佛外，分馈亲友，不得过午。并用红枣、桃仁等制成狮子、小儿等类，以见巧思。(《燕京岁时记》)

面　包

面包，欧美人普通之食品也，有白黑两种。白面包以小麦粉为之，黑面包以燕麦粉为之。其制法，入水于麦粉，加酵母，使之发酵，置于炉，热之，待其膨胀，则松如海绵。较之米饭，滋养料为富，黑者尤多。较之面饭，亦易于消化。国人亦能自制之。且有终年餐之而不粒食者。

圣餐，基督教徒所行之教礼也。其意谓面包为耶稣基督之肉所化，葡萄酒为其血所化，故谓面包曰圣肉，谓葡萄酒曰圣血。我国之基督教徒皆食之。(《清稗类钞》)

布　丁

布丁为欧美人食品，以面粉和百果、鸡蛋、油糖，蒸而食之，略如吾国之糕。近颇有以之为点心者。(《清稗类钞》)

罐头食物

罐头食物所装为肉食、果物，可佐餐，可消闲，家居旅行，足备不时之需。唯开罐后不能过久，盖空气侵入，易致损坏也。（《清稗类钞》）

西洋饼

用鸡蛋清和飞面，作稠水，放碗中打。铜夹煎一把，头上作饼形，如碟大，上、下两面合缝处不到一分，炽烈火（烧）。搅稠水（衍）糊，一夹一炕，顷刻成饼。白如雪，明如绵纸，微加冰糖屑子。（《调鼎集》）

元气素食

先秦时曹刿说国家大事应该“肉食者谋之”，孟子说“七十者可以食肉矣”，南宋有“苏文熟，吃羊肉；苏文生，吃菜羹”的谚语，这都说明，肉食离寻常百姓的生活还是有一定距离。在普通人的厨房里、餐桌上，萝卜、白菜等蔬菜才是家常菜。清代美食著作琳琅满目，甚至出现了素食专著《素食说略》，在《随园食单》中，还有仿荤素食。传说慈禧太后喜欢吃“瓤豆芽”，《清稗类钞》中记载，嘉庆时民间已流行这种吃法。在清代，豆腐、白菜、萝卜、冬瓜等家常食蔬各有不同做法，烹饪手法也复杂多变，这些素食极具生活气息，今人读来，倍觉亲近。

王太守八宝豆腐

用嫩片切粉碎，加香草屑、蘑菇屑、松子仁屑、瓜子仁屑、鸡屑、火腿屑，同入浓鸡汁中，炒滚起锅。用腐脑亦可。用瓢不用箸。孟亭太守云：“此圣祖赐徐健庵尚书方也。尚书取方时，

御膳房费一千两。”太守之祖楼村先生为尚书门生，故得之。（《随园食单》）

程立万豆腐

乾隆廿三年，同金寿门在扬州程立万家食煎豆腐，精绝无双。其腐两面黄干，无丝毫卤汁，微有车螯鲜味。然盘中并无车螯及他杂物也。次日告查宣门，查日：“我能之！我当特请。”已而，同杭董浦同食于查家，则上箸大笑；乃纯是鸡、雀脑为之，并非真豆腐，肥腻难耐矣。其费十倍于程，而味远不及也。惜其时余以妹丧急归，不及向程求方。程逾年亡。至今悔之。仍存其名，以俟再访。（《随园食单》）

素烧鹅

煮烂山药，切寸为段，腐皮包，入油煎之，加秋油、酒、糖、瓜、姜，以色红为度。（《随园食单》）

豆芽菜塞鸡丝火腿

镂豆芽菜使空，以鸡丝、火腿满塞之。嘉庆时最盛行。（《清稗类钞》）

醋　菜

黄芽菜去叶晒软。摊开菜心，更晒内外俱软。用炒盐叠一二日，晾干，入坛。一层菜，一层茴香、椒末，按实，用醋灌满。三四十日可用（醋亦不必甚酽者[①]）。各菜俱可做。（《食宪鸿秘》）

【注释】

①酽（yàn）：指汁液浓、味厚。

姜醋白菜

嫩白菜，去边叶，洗净，晒干。止取头刀[①]、二刀，盐腌，入罐。淡醋、香油煎滚，一层菜，一层姜丝，泼一层油醋封好。（《食宪鸿秘》）

【注释】

①止取头刀：只用头刀白菜。头刀，第一刀，第一茬。

细拌芥

十月，采鲜嫩芥菜，细切，入汤一焯即捞起。切生莴苣[①]，熟香油、芝麻、飞盐拌匀入瓮，三五日可吃。入春不变。（《食

宪鸿秘》)

【注释】

①莴苣(jù):又称“千金菜”“石苣”,有叶用和茎用两类。

焙红菜[1]

白菜去败叶、茎及泥土净,勿见水,晒一二日,切碎,用缸贮。灰火焙干[2],以色黄为度,约八分干。每斤用炒盐六钱揉腌,日揉三四次,揉七日,拌茴椒末,装罐筑实,箬叶竹撑,罐覆月许,泥封。入夏供,甜,香美,色亦奇。(《食宪鸿秘》)

【注释】

①焙:用微火烘烤。

②灰火:指炉灶里炉灰微微的余火。

十香菜

苦瓜去白肉,用青皮。盐腌,晒干,细切十斤,伏天制,冬菜去老皮[1],用心,晒干切十斤,生姜切细丝五斤,小茴五合炒,陈皮切细丝五钱,花椒二两炒,去梗目,香菜一把切碎,制杏仁一升,砂仁一钱,甘草、官桂各三钱共为末,装袋内,入甜酱酱之。(《食宪鸿秘》)

【注释】

①冬菜：冬天的白菜。

生　椿

香椿切细，烈日晒干，磨粉。煎腐中入一撮[1]，不见椿而香。（《食宪鸿秘》）

【注释】

①煎腐：煎豆腐。

淡　椿

椿头肥嫩者，淡盐挐过，薰之。（《食宪鸿秘》）

食香瓜

生瓜，切作棋子，每斤盐八钱，加食香同拌[1]。入缸腌一二日取出，控干，复入卤。夜浸日晒，凡三次，勿太干。装坛听用。（《食宪鸿秘》）

【注释】

①食香：或指芗草。芗草，又名十香菜、石香菜、麝香菜。

煨冬瓜

老冬瓜，切下顶盖半尺许，去瓤，治净。好猪肉，或鸡，鸭，或羊肉，用好酒、酱油、香料、美味调和，贮满瓜腹。竹签三四根，仍将瓜盖签好。竖放灰堆内，用砻糠铺，应及四围，窝到瓜腰以上。取灶内灰火，周围培筑，埋及瓜顶以上。煨一周时，闻香取出。切去瓜皮，层层切下供食，内馔外瓜，皆美味也。(《食宪鸿秘》)

糟　姜

嫩姜勿见水，布拭去皮。每斤用盐一两、糟三斤，腌七日，取出拭净。另用盐二两、糟五斤拌匀，入别瓮。先以核桃二枚，捶碎，置罐底，则姜不辣。次入糟姜，以少熟栗末掺上，则姜无渣。封固收贮。如要色红，入牵牛花拌糟。(《养小录》)

法制伏姜（姜不宜日晒，恐多筋丝。加料浸后晒，则不妨）

姜四斤，剖去皮，洗净，晾干，贮磁盆。入白糖一斤、酱油二斤，官桂、大茴、陈皮、紫苏各二两，细切，拌匀。初伏晒起，至末伏止收贮。晒时用稀红纱罩，勿入蝇子。此姜神妙，

能治百病。(《食宪鸿秘》)

糟　茄

诀曰：五糟五斤也六茄六斤也盐十七十七两，一碗河水水四两甜如蜜。做来如法收藏好，吃到来年七月七二日即可供。霜天小茄肥嫩者，去蒂萼，勿见水，用布拭净，入磁盆，如法拌匀。虽用手，不许揉挐。三日后，茄作绿色，入坛。原糟水浇满，封半月可用。色翠绿，内如黄蜡色，佳味也。(《食宪鸿秘》)

囫囵肉茄

嫩大茄留蒂，上头切开半寸许，轻轻挖出内肉，多少随意。以肉切作饼子料[①]，油、酱调和得法，慢慢塞入茄内。作好，叠入锅内，入汁汤烧熟，轻轻取起，叠入碗内。茄不破而内有肉，奇而味美。(《食宪鸿秘》)

【注释】

①饼子料：即肉馅。

酱麻菇

麻菇，择肥白者洗净，蒸熟。酒酿、酱油泡醉[①]，美。(《食

宪鸿秘》)

【注释】

①泡醉：用酒把食物充分浸泡使其充满酒味。

种麻菇法

净麻菇、柳蛀屑等分[1]，研匀。糯米粉蒸熟，捣和为丸，如豆子大。种背阴湿地，席盖，三日即生。(《食宪鸿秘》)

【注释】

①柳蛀屑：垂柳蛀孔中的蛀屑，可入外用中药。

醉香蕈

拣净，水泡，熬油锅炒熟。其原泡出水澄去滓，乃烹入锅，收干取起。停冷，用冷浓茶洗去油气，沥干。入好酒酿、酱油醉之，半日味透。素馔中妙品也。(《食宪鸿秘》)

熏　蕈

南香蕈肥大者，洗净，晾干。入酱油浸半日，取出搁稍干。掺茴、椒细末，柏枝熏。(《食宪鸿秘》)

带壳笋

嫩笋短大者，布拭净。每从大头挖至近尖[①]，以饼子料肉灌满[②]，仍切一笋肉塞好，以箬包之，砻糠煨热。去外箬，不剥原枝，装碗内供之。每人执一案[③]，随剥随吃，味美而趣。(《食宪鸿秘》)

【注释】

①近尖：接近笋尖的部位。

②饼子料肉：指剁好的肉馅。

③案：木制的盛食物的矮脚托盘。

糟　笋

冬笋，勿去皮，勿见水，布擦净毛及土或用刷牙细刷。用箸搠笋内嫩节[①]，令透。入腊香糟于内[②]，再以糟团笋外，如糟鹅蛋法。大头向上，入坛，封口，泥头。入夏用之。(《食宪鸿秘》)

【注释】

①搠(shuò)：扎、刺。

②腊香糟：腊月酿制的香糟。

醉萝卜

冬细茎萝卜实心者，切作四条。线穿起，晒七分干。每斤用盐二两腌透盐多为妙，再晒九分干，入瓶捺实，八分满。滴烧酒浇入，勿封口。数日后，卜气发臭，臭过，卜作杏黄色，甜美异常火酒最拔盐味①，盐少则一味甜，须斟酌。臭过，用绵缕包老香糟塞瓶上更妙②。(《食宪鸿秘》)

【注释】

①拔：吸出。

②绵缕：棉纱。

竹　菇

竹根所出，更鲜美。熟食无不宜者。(《食宪鸿秘》)

无肉不欢

中国人的吃肉历史源远流长，不过，各朝代人们喜欢吃的肉却大不同。汉朝时，鸡肉的价格是猪、牛、羊、狗肉的五倍，吃得起鸡肉的才是真正的土豪。唐代，牛要用来耕地，政府有规定不能吃牛肉，统治者李氏家族拥有鲜卑族的血统，偏爱吃羊肉，所以民间食羊之风渐盛，这种风气到了宋朝达到鼎盛，可以说羊肉在这一时期统治了中国人的餐桌。明代流行吃猪肉。清军入关后，带来了更多的猪肉菜肴。猪肉可谓是彻底"逆袭"了，被袁枚称为"广大教主"，金华火腿、东坡肉等名菜几乎家喻户晓。清代满人食野味的食俗影响了汉族饮食习惯，《食宪鸿秘》记下了鹿尾、熊掌等山珍的做法。晚清时西餐逐渐推广开来，《清稗类钞》中记载了"炸猪排"的做法。此外，鱼虾类水产在清代美食著作中比比皆是。这些都影响了现今社会的食肉结构。

金华火腿

用银簪透入内，取出，簪头有香气者真。腌法：每腿一斤，用炒盐一两或八钱。草鞋搥软，套手恐热手着肉，则易败。止擦皮上，凡三五次，软如绵。看里面精肉盐水透出如珠为度，则用椒末揉之，入缸，加竹栅，压以石。旬日后，次第翻三五次，取出，用稻草灰层叠叠之。候干，挂厨近烟处，松柴烟熏之，故佳。(《食宪鸿秘》)

白片肉

白片肉者，以猪肉为之，不用一切调料也。入锅煮八分熟，泡汤中二小时，取起，切薄片，以温为度，即以小快刀切为片，宜肥瘦相参，横斜碎杂为佳。食时，以酱油、麻油蘸之。(《清稗类钞》)

东坡肉

《东坡集》有食猪肉诗云："黄州好猪肉，价贱如粪土。富者不肯吃，贫者不解煮。慢着火，少着水，火候足时他自美。每日起来打一碗，饱得自家君莫爱。"今膳中有所谓东坡肉者，即

本此。盖以猪肉切为长大方块，加酱油及酒，煮至极融化，虽老年之无齿者亦可食。（《清稗类钞》）

胡桃肉炙腰

胡桃肉炙腰者，用羊腰或猪腰数枚，入锅，加水煮熟，取出，去其外包之膜，切薄片，另以胡桃肉数枚，入石臼打烂，与腰片拌匀，入锅炒炙，俟胡桃油渗透腰片，再加盐、酱油、绍兴酒、香料，烹至熟透，味极佳。（《清稗类钞》）

炸猪排

以猪肋排去骨，纯用精肉，切成长三寸、阔二寸、厚半寸许之块，外用包粉蘸满，入大油镬炸之。食时自用刀叉切成小块，蘸胡椒、酱油，各取适口。（《清稗类钞》）

煨牛舌

以牛舌去皮，撕膜切片，入猪肉中同煨。（《清稗类钞》）

狮子头

狮子头者，以形似而得名，猪肉圆也。猪肉肥瘦各半，细切粗斩，乃和以蛋白，使易凝固，或加虾仁、蟹粉。以黄沙罐一，底置黄芽菜或竹笋，略和以水及盐，以肉作极大之圆，置其上，上覆菜叶，以罐盖盖之，乃入铁锅，撒盐少许，以防锅裂，然后以文火干烧之。每烧数柴把一停，约越五分时更烧之，候熟取出。(《清稗类钞》)

千里脯

牛、羊、猪、鹿等同法。去脂膜净，止用极精肉。米泔浸洗极净①，拭干。每斤用醇酒二盏，醋比酒十分之三。好酱油一盏，茴香、椒末各一钱，拌一宿。文武火煮，干，取起，炭火慢炙，或用晒。堪久。尝之味淡，再涂涂酱油炙之②。或不用酱油，止用飞盐四五钱。然终不及酱油之妙。并不用香油。(《食宪鸿秘》)

【注释】

①米泔(gān)：洗过米的水。

②再涂涂：应该是多一“涂”字。

鲞　肉

宁波上好淡白鲞[1]，寸锉[2]，同精肉炙干，上篓。长路可带。(《食宪鸿秘》)

【注释】

①鲞（xiǎng）：剖开晾干的黄花鱼。

②锉（cuò）：用锉磨东西，此指切、砍。

套　肠

猪小肠肥美者，治净，用两条套为一条，入肉汁煮熟。斜切寸断，伴以鲜笋、香蕈汁汤煮供，风味绝佳，以香蕈汁多为妙。煮熟，腊酒糟糟用，亦妙。(《食宪鸿秘》)

骰子块（陈眉公方）

猪肥膘，切骰子块。鲜薄荷叶铺甑底，肉铺叶上，再盖以薄荷叶，笼好[1]，蒸透。白糖、椒、盐掺滚。畏肥者食之，亦不油气[2]。(《食宪鸿秘》)

【注释】

①笼（lǒng）：做动词使用，遮盖、罩住、笼罩。

②油气：指油腻。

炒腰子

腰子切片，背界花纹，淡酒浸少顷，入滚水微焯，沥起，入油锅爆炒。加葱花、椒末、姜屑、酱油、酒及些醋烹之，再入韭芽、笋丝、芹菜，俱妙。

腰子煮熟，用酒酿糟糟之，亦妙。(《食宪鸿秘》)

炒羊肚

羊肚治净，切条。一边滚汤锅，一边热油锅。将肚用笊篱入汤锅一焯即起，用布包纽干①，急落油锅内炒。将熟，如“炒腰子”法加香料，一烹即起，脆美可食。久恐坚韧。(《食宪鸿秘》)

【注释】

①纽：同“扭”。

蒸羊肉

肥羊治净，切大块，椒盐擦遍，抖净。击碎核桃数枚，放入肉内外。外用桑叶包一层，又用捶软稻草包紧，入木甑按实，再加核桃数枚于上，密盖，蒸极透。(《食宪鸿秘》)

兔　生

兔去骨，切小块，米泔浸，捏洗净。再用酒脚浸洗，漂净，沥干。用大小茴香、胡椒、花椒、葱花、油、酒，加醋少许，入锅烧滚，下肉，熟用。(《食宪鸿秘》)

小炒瓜虀

酱瓜、生姜、葱白、鲜笋或淡笋干、茭白、虾米、鸡胸肉各停①，切细丝，香油炒供。诸杂品腥素皆可配，只要得味。

肉丝亦妙。(《食宪鸿秘》)

【注释】

①各停：各一成。停，总数分成几份，其中的一份，这里作“成数”解，一成即叫一停。

鸭　羹

肥鸭煮七分熟，细切骰子块，仍入原汤，下香料、酒、酱、笋、蕈之类，再加配松仁，剥白核桃更宜。(《食宪鸿秘》)

湖广鱼法[1]

大鲤鱼治净[2]，细切丁香块。老黄米炒燥，碾粉，约半升；炒红面[3]，碾末，升半。和匀。每鱼块十斤，用好酒二碗，盐一斤（夏月盐一斤四两），拌腌磁器。冬半月，春夏十日。取起，洗净，布包，榨十分干。用川椒二两、砂仁二两、茴香五钱、红豆五钱、干草少许，共为末。麻油一斤半，葱白一斤，预备米面米一升，拌和入罐，用石压紧。冬半月，夏七八日可用。用时再加椒料、米醋为佳。(《食宪鸿秘》)

【注释】

①湖广鱼法：湖广地区做鱼的方法。湖广，明清时指湖南湖北。

②治净：收拾干净。

③红面：红曲米，又叫红曲。

杭州醋鱼

杭州西湖酒家，以醋鱼著称。康、雍时，有五柳居者，烹饪之术尤佳，游杭者必以得食醋鱼自夸于人。至乾隆时，烹调已失味，人多厌弃，然犹为他处所不及。会稽陶篁村茂才元藻尤嗜之，尝作诗云："泼剌初闻柳岸傍，客楼已罢老饕尝。如何宋嫂当垆后，犹论鱼羹味短长。”

脍鱼时，以醋搂之。其脍法，相传为宋嫂所传。陈子宣《西湖竹枝词》有“不嫌酸法桃花醋，下箸争尝宋嫂鱼”句是也。（《清稗类钞》）

鲫鱼羹

鲜鲫鱼治净，滚汤焯熟。用手撕碎，去骨，净。香蕈、鲜笋切丝，椒、酒下汤。（《食宪鸿秘》）

去鱼腥

煮鱼用木香末少许则不腥。

洗鱼滴生油一二点则无涎。

凡香橼、橙、橘、菊花及叶，采取、捶碎洗鱼至妙。

凡鱼外腥多在腮边、鬐根、尾椟，内腥多在脊血、腮里。必须于生剖时用薄荷、胡椒、紫苏、葱、矾等末擦洗内外极净，则味鲜美。（《食宪鸿秘》）

炙　鱼

鲚鱼新出水者，治净，炭火炙十分干，收藏。

一法，去头尾，切作段，用油炙熟。每段用箬间盛瓦礶，泥封。(《食宪鸿秘》)

蒸鲥鱼

鲥鱼去肠不去鳞[①]，用布抹血水净。花椒、砂仁、酱擂碎加白糖、猪油同擂妙[②]，水、酒、葱和，锡镟蒸熟[③]。(《食宪鸿秘》)

【注释】

①鲥（shí）鱼去肠不去鳞：烹饪加工鲥鱼时，把鱼肠去掉，但不要去掉鱼鳞。

②擂（léi）：研磨。

③锡镟（xuàn）：锡质的镟子。

干银鱼

冷水泡展，滚水一过，去头。白肉汤煮许久[①]，入酒，加酱姜，热用。(《食宪鸿秘》)

【注释】

①白肉汤：指猪肉汤或猪排骨汤，高汤的一种。

蛏　鲊

蛏一斤，盐一两，腌一伏时[1]。再洗净，控干。布包，石压。姜、橘丝五钱，盐一钱，葱五分，椒三十粒，酒一大盏，饭糁即炒米一合磨粉酒酿糟更妙，拌匀入瓶，十日可供。

鱼鲊同法。(《食宪鸿秘》)

【注释】

①一伏时：一昼夜。

脚　鱼[1]

同肉汤煮。加肥鸡块同煮，更妙。(《食宪鸿秘》)

【注释】

①脚鱼：即鳖，潮汕方言多用此叫法。

水鸡腊

肥水鸡[1]，只取两腿。用椒、料酒、酱和浓汁浸半日，炭火缓炙干。再蘸汁，再炙。汁尽，抹熟油再炙，以熟透发松为度。烘干，瓶贮，久供。色黄勿焦为妙。(《食宪鸿秘》)

【注释】

①水鸡：此指虎纹蛙。

臊子蛤蜊

水煮去壳。切猪肉精肥各半作小骰子块，酒拌，炒半熟。次下椒、葱、砂仁末、盐、醋和匀，入蛤蜊同炒一转[1]。取前煮蛤蜊原汤澄清，烹入不可太多，滚过取供。

加韭芽、笋、茭白丝拌炒更妙，略与炒腰子同法。(《食宪鸿秘》)

【注释】

①蛤蛎（gé lí）：即蛤蜊。

醉　虾

鲜虾拣净，入瓶。椒、姜末拌匀。用好酒顿滚，泼过。食时加盐酱。

又，将虾入滚水一焯，用盐撒上拌匀，加酒取供。入糟，即为糟虾。(《食宪鸿秘》)

淡　菜

淡菜极大者水洗[①]，剔净，蒸过，酒酿糟下，妙。

一法：治净，用酒酿、酱油停对，量入熟猪油、椒末，蒸三炷香。(《食宪鸿秘》)

【注释】

①淡菜：又名壳菜，贻贝的干制品，海产品之一。

土　蛈[①]

白浆酒换泡[②]，去盐味。换入酒浆，加白糖，妙。

要无沙而大者。(《食宪鸿秘》)

【注释】

①土蛈（tiě）：泥螺。

②白浆酒：疑即原浆酒。指粮食通过曲发酵成的酒，完全不勾不兑的原始酒液。

鲞　粉

宁波淡白鲞[①]，真黄鱼一日晒干者[②]，洗净，切块，蒸熟。剥肉，细锉[③]，取骨，酥炙，焙燥，研粉，如虾粉用其咸味黄枯

鲞不堪用[4]。(《食宪鸿秘》)

【注释】

①白鲞(xiǎng):专指剖开晒干的黄花鱼。鲞,剖开晾干的鱼。

②真黄鱼:真黄花鱼。

③锉(cuò):用锉刀磋磨。这里为切削之意。

④黄枯鲞:剖开晒干的黄姑鱼。枯,“姑”字之误。

海　蜇

海蜇洗净,拌豆腐煮,则涩味尽而柔脆。

切小块,酒酿、酱油、花椒醉之,妙。糟油拌亦佳。(《食宪鸿秘》)

鲈鱼脍

吴郡八九月霜下时[1],收鲈三尺以下,劈作鲙[2],水浸,布包沥水尽,散置盆内。取香柔花叶,相间细切,和脍拌匀。霜鲈肉白如雪[3],且不作腥,谓之“金齑玉鲙,东南佳味”[4]。(《食宪鸿秘》)

【注释】

①吴郡:古郡名。治今江苏苏州,辖今江苏苏州、无锡等地,

以及浙江杭州、嘉兴等地。

②鲙（kuài）：同“脍”，细切的鱼或肉，这里指将鱼先劈成薄片，再细切成条。

③霜鲈：霜后鲈鱼。

④金齑（jī）玉鲙，东南佳味：语出唐代刘餗《隋唐嘉话》：“吴郡献松江鲈，炀帝曰：‘所谓金齑玉脍，东南佳味也。’”齑，同“齑”，捣碎的姜、蒜、韭菜等。

煮蟹（倪云林法[①]）

用姜、紫苏、橘皮、盐同煮。才大沸便翻，再一大沸便啖。凡旋煮旋啖，则热而妙。啖已再煮。捣橙齑、醋供[②]。

孟诜《食潦本草》云[③]：蟹虽消食，治胃气、理经络，然腹中有毒，中之或致死。急取大黄、紫苏、冬瓜汁解之。又云：蟹目相向者不可食。又云：以盐渍之，甚有佳味。沃以苦酒[④]，通利支节。又云：不可与柿子同食。发霍泻。

陶隐居云[⑤]：蟹未被霜者[⑥]，甚有毒，以其食水莨[⑦]（音建）也。人或中之，不即疗则多死。至八月，腹内有稻芒，食之无毒。

《混俗颐生论》云[⑧]：凡人常膳之间，猪无筋，鱼无气，鸡无髓，蟹无腹，皆物之禀气不足者，不可多食。

凡熟蟹劈开，于正中央红衁外黑白翳内有蟹鳖[⑨]，厚薄大小同瓜仁相似，尖棱六出，须将蟹爪挑开，取出为佳。食之腹痛，

盖蟹毒全在此物也。(《食宪鸿秘》)

【注释】

①倪云林：倪瓒，元末画家、诗人，号云林居士、云林子，或云林散人，无锡人。与黄公望、王蒙、吴镇为元季四家。

②捣橙齑（jī）、醋供：把橙子捣碎，与醋调拌在一起，供吃螃蟹时蘸用。

③孟诜《食潦本草》：孟诜，今河南汝州人，师事孙思邈学医，著有《食疗本草》。《食潦本草》，即《食疗本草》，"潦"，"疗"的繁体字"療"字之误，唐代食物药治病专书。

④沃：灌溉。

⑤陶隐居：陶弘景，字通明，自号隐居先生或华阳隐居，卒谥贞白先生，南朝梁时丹阳（今南京）人，著名医药家、文学家，人称"山中宰相"。

⑥被：同"披"。

⑦水莨（gèn）：别名毛莨，又名毛建。

⑧《混俗颐生论》：即《混俗颐生录》，宋代刘词所撰养生专著。

⑨衁（huāng）：血。蟹鳖：俗称"六角虫"，即蟹的心脏。

龙 蛋

鸡子数十个，一处打搅极匀，装入猪尿脬内[①]，扎紧，用绳縋入井内[2]。隔宿取出，煮熟，剥净，黄白各自凝聚，混成一大蛋。大盘托出，供客一笑。

揆其理[3]，光炙日月[4]，时历子午[5]，井界阴阳[6]，有固然者。縋并须深浸，浸须周时[7]。

此蛋或办卓面[8]，或办祭用，以入璇子，真奇观也，秘之。(《养小录》)

【注释】

①朱尿脖：猪小肚，猪的膀胱，又叫猪尿脬。

②縋(zhuì)：用绳子拴住人或东西从上往下送。

③揆：度量，揣测。

④光炙日月：经受了日月之光的照射。

⑤子午：子时，晚上十一时至次日凌晨一时；午时，中午十一时至下午一时。

⑥井界阴阳：井分开了阴阳。界，分。

⑦周时：一天一夜。

⑧卓：同“桌”。

一个蛋

一个鸡蛋壳炖一大碗。先用箸将黄白打碎，略入水再打。渐次加水及酒、酱油，再打，前后须打千转。架碗盖好，炖熟，勿早开。(《养小录》)

食鱼子法

鲤鱼子，剥去血膜，用淡水加酒漂过，生绢沥干，置砂钵，入鸡蛋黄数枚同白用亦可。用锤擂碎，不辨颗粒为度加入虾米、香蕈粉，妙。胡椒、花椒、葱、姜研末，浸酒，再研，澄去料渣，入酱油、飞盐少许，斟酌酒、酱咸淡、多少，拌匀，入锡镟蒸熟，取起，刀划方块。味淡，量加酱油抹上，次以熬熟香油抹上。如已得味，止抹熟油。松毬、荔子壳为末熏之[①]。

蒸熟后煎用，亦妙。(《食宪鸿秘》)

【注释】

①松毬：即“松球”。

肴变万千：从食物中窥见过往

人情比美食更有嚼头

中国是礼仪之邦，讲究待客有道，请客吃饭形成了一种独特的中华饮食文化。古人席地而坐，在地上铺的竹席称为“筵”，在筵上的叫“席”，“筵席”本是坐具，后用来代指酒席。筵席上的座次、敬酒、菜品（冷菜、热菜、荤素搭配、点心、干果、汤等）、酒令等，都有讲究。按照筵席上的菜品分类，筵席有烧烤席、燕菜席、全羊席等；按照席上餐具分类，筵席还有十六碟八大八小、十二碟六大六小、八碟四大四小等之分；按作用分类，还有只看不吃的“看席”。清代有特色的筵席包括“满汉大席”烧烤席、初入中国的西餐、受西方文化影响的“每人每”“公司菜”，还有类似AA制的醵资会饮。本节均选自《清稗类钞》，“山川异域”部分主要介绍不同地域食俗。

京师宴会之肴馔

光绪己丑、庚寅间，京官宴会，必假座于饭庄。饭庄者，大酒楼之别称也，以福隆堂、聚宝堂为最着，每席之费，为白金六两至八两。若夫小酌，则视客所嗜，各点一肴，如福兴居、义胜居、广和居之葱烧海参、风鱼、肘子、吴鱼片、蒸山药泥，致美斋之红烧鱼头、萝卜丝饼、水饺，便宜坊之烧鸭，某回教馆之羊肉，皆适口之品也。

长沙人之宴会

嘉庆时，长沙人宴客，用四冰盘两碗，已称极腆[①]，唯婚嫁则用十碗蛏干席。道光甲申、乙酉间，改海参席。戊子、己丑间，加四小碗，果菜十二盘，如古所谓饾饤者，虽宴常客，亦用之矣。后更改用鱼翅席，小碗八，盘十六，无冰盘矣。咸丰朝，更有用燕窝席者，三汤四割，较官馔尤精腆。春酌设彩觞宴客，席更丰，一日糜费，率二十万钱，不为侈也。

【注释】

①腆：丰厚、美好。

麻阳馈银酬席

道光以前，湖南麻阳人家有庆吊事，戚友皆不馈礼物，而馈以银，自一钱至七钱为率。主人率酬以席。赴饮者众宾杂坐，送一钱者仅食肴一簋。甫毕，堂隅即鸣金曰："一钱之客请退。"

于是纷纷而退者若干人。至第二篇毕，又鸣金曰：“二钱之客请退。”又纷纷而退者若干人。例馈五钱者完席，七钱者加品。至五篇已毕，虽不鸣金，而在座者亦寥寥矣。

杭州人之宴客

杭州以繁盛著称，然在光绪初，城中无酒楼，若宴特客，必预嘱治筵之所谓酒席馆者，先日备肴馔，担送至家而烹调之。仓猝客至，仅得偕至丰乐桥之聚胜馆、三和馆两面店，河坊巷口之王顺兴（杭人曰吃王饭儿）、荐桥之赵长兴两饭店，进鱼头豆腐、醋搂鱼、炒肉丝、加香肉等品，已自谓今日宴客矣。

盖所谓酒席店者，设于僻巷，无雅座，虽能治筵，不能就餐也。光绪中叶，始有酒楼。最初者为聚丰园，肆筵设席，咄嗟立办[①]。自是以降，踵事增华，旗亭徧城市矣。

至庆吊大事之宴会，以客众筵多肴不精美，俗呼为喜汤儿、送丧饭，盖言其为恶草具也。

【注释】

①咄嗟：霎时。

太平人之宴会

四川太平县之宴客也，遇丧葬，不发请柬，仅遣一人沿街大呼，云某处宴客，请早发驾，客即闻声而至。遇喜事宴客，则反是。沿大江一带，凡发丧之前夜宴客，曰坐夜，必在夜中。而太平则在发丧时，亦名之曰坐夜。

永昌人饮食宴乐

永昌饶竹石鹿豕鱼虾之利①，其民儇巧②，善制作，金银铜铁、象牙宝石、料丝什器布罽之属皆精好③，所产琥珀、水晶、碧玉、古喇锦等物④，不可胜数，转贩四方，日渐致富。以是而俗尚渐趋华饰，饮食宴乐，谚谓“永昌一日费百石米酿”。亭午以后，途皆醉人矣。

【注释】

①永昌：甘肃省金昌市永昌县，位于甘肃省西北部，地处河西走廊东部、祁连山北麓、阿拉善台地南缘。

②儇（xuān）巧：慧黠刁巧。

③罽（jì）：羊毛织物。

④古喇：唐代之望蛮。

满人之宴会

满人有大宴会，主家男女必更迭起舞，大率举一袖于额，反一袖于背，盘旋作势，曰莽式。中一人歌，众皆以“空齐”二字和之，谓之曰空齐，盖以此为寿也。每宴客，客坐南炕，主人先送烟，次献乳茶，曰奶子茶，次注酒于爵，承以盘。客年长者，主辄长跪，以一手进之，客受而饮，不答礼，饮毕乃起。客年稍长，则亦跪而饮，饮毕，客坐，主乃起。客年若少于主，则主立而酌客，客跪而饮，饮毕，起而坐。妇女出酌客，亦然。唯妇女多跪而不起，非一爵可已也。食时，不食他物。饮已，设油布于前，曰划单，即以防秽也。进特牲，以刀割而食之。食已，尽赐客奴。奴叩头，席地坐，对主食，不避。

蒙人宴会之带福还家

年班蒙古亲王等入京，值颁赏食物，必携之去，曰带福还家。若无器皿，则以外褂兜之，平金绣蟒[①]，往往为汤汁所沾濡，淋漓尽致，无所惜也。

【注释】

①平金：一种刺绣针法，在缎面上用金银色线盘成各种花纹。

哈萨克人之宴会

哈萨克人朴城简易[①]，待宾客有加礼。戚友远别相会，必抱持交首大哭，侪辈握手搂腰，尊长见幼辈，则以吻接唇，唼喋有声[2]。既坐，藉新布于客前，设茶食、醺酪。贵客至，则系羊马于户外，请客觇之，始屠以饷客。杀牲，先诵经（马以菊花青白线脸者为上，羊以黄首白身者为上）。血净，始烹食。然非其种人宰割，亦不食也。

客至门，无识与不识，皆留宿食。所食之肉，如非新割者，必告之故。否则客诉于头人，谓某寡情，失主客礼，以宿肉病我，立拘其人，责而罚之。故宾客之间，无敢不敬也。

每食，净水盥手，头必冠，倘事急遗忘，则以草一茎插头上，方就食，否则为不敬。食掇以手，谓之抓饭。其饭，米肉相瀹，杂以葡萄、杏脯诸物，纳之盆盂，列于布毯。主客席地围坐相酬酢。割肉以刀，不用箸。禁烟酒，忌食豕肉，呼豕为乔什罕，见即避之。尤嗜茶，以其能消化肉食也。

【注释】

①朴城：即“朴诚”，朴实忠诚。

②唼（shà）喋（zhá）：拟声词，形容水鸟或鱼类吃食的声音。

噶伦卜人之宴会

岁时令节，西藏噶伦卜必大饷宾客[1]，或于家，或于柳林。中铺方形褥数层，噶伦卜自坐。前稍低，置方案一二，供面菜，及生熟牛羊肉、枣、杏、核桃、葡萄、冰糖、焦糖各一二皿。焦糖为黑糖所制，以黄油熬成，长一尺，广三四寸，厚一指。牛羊肉则一腿或一片。又两旁铺长坐褥，前设矮几，列果食。噶布伦、巴浪子、沙中意等[②]，列坐两侧，或二人为一席。从者各在席后，人给果食一大皿。

食时，先饮油茶，次土巴汤[③]，次奶茶、抓饭。抓饭有黄白二种，煮米为之，淅之于水，再入以沙糖、杏、枣、葡萄、牛羊饼食等物，盛皿中，以手抓而食。继饮蛮酒。遇大节盛会，即选美丽妇女十余人，戴珠冠，衣彩衣，使行酒歌唱，亦能度汉曲。又有八九岁至十二三岁之十数小童，披五色锦衣，戴白布圈帽，腰勒锦条，足系小铃，手执斧钺，前后相接。更设鼓十余面，司鼓者装束亦同。进食一巡，每进相舞，步法进退与鼓声相合。食毕，则携肉果各品以归。

【注释】

①噶伦卜：代达赖喇嘛理事的官员。

②噶布伦：统理兵马刑名，为终身之职。

③土巴：用大米或面粉、牛羊肉加水合煮的粥。

改良宴会之食品

无锡朱胡彬夏女士以尝游学于美，习西餐，知我国宴会之肴馔过多，有妨卫生，且不清洁而糜金钱也，乃自出心裁，别创一例，以与戚友会食，视便餐为丰，而较之普遍宴会则俭。酒为越酿，俗称绍兴酒者是也。入座时，由主人为客各斟一杯，嗜饮者各置一小壶于前。其所备之肴如下：芹菜（拌豆腐干丝）、牛肉丝（炒洋葱头丝，冷食，味较佳）、白斩鸡、火腿（以上四者，用四深碟，形似小碗，入坐时已置于案，后此诸碗则以渐而进，如筵席通例），炖蛋（内有鸡片、冬笋片、蘑菇片，人各一杯，连杯炖之，至是须易器）、炒青鱼片（和冬笋片，用猪油炒，不用酱油，临时制）、白炖猪蹄（和海参、香菌、扁尖，以大暖锅盛之。每客前又各备小碗，以便分取，至是须易器）、炒菠菜（和冬笋片，猪油炒，不用酱油，临时制）、炒面（猪油与鸡汤、火腿汤炒，上铺鸡丝、火腿丝、冬笋丝，临时制，至是须易器）、鱼圆（夹于冬笋片中炖之）、小炒肉（切小肉片，和栗子、葡萄红烧，至是须易器）、汤团（米粉为之，皮极薄，中有捣碎之葡桃肉和糖，临时制）、莲子羹（人各一杯，与汤团并进。至是始进饭与粥，下为饭粥之菜）、黄雀（糟黄雀，内藏猪肉，用豆腐衣包，与金针、木耳油煎）、青菜（猪油炒，不用酱油，临时制）、江瑶柱炒蛋（猪油干炒，临时制）、汤（鸡汤和血）、腐乳（白色）菜心、（腌）水果（福橘或蜜橘）。

食器宜整齐雅洁，案上有布覆之。每座前，杯一，箸二，碟三，一置匙（一置酱油，一置醋），匙三（以一置碟中）巾一（食时铺于身，以防秽且拭口）。凡各器，食时宜易四次。

食品中之炖蛋，取其温暖而易消化，富滋养料也。以酱油为调料者，唯牛肉丝、小炒肉。虽酱油之霉为植物菌之一，非动物，无害卫生，然究以少食为宜。

先置之冷肴四碟，取其颜色之鲜洁也。芹菜绿色，牛肉丝酱色，白斩鸡淡黄色，火腿深红色。而进肴之次序，亦有命意。如食白炖猪蹄后，继之以菠菜，以清口也。青菜与黄雀，一为青生，一为浓厚，而同为佐饭之肴。莲子羹与汤团并进，以其味之调和也。

食毕散座，乃进茶烟。

宴会之筵席

俗以宴客为肆筵设席者[①]，以《周礼·司几筵》注“铺陈曰筵，藉之曰席”也。先铺于地上者为筵，加于筵上者为席。古人席地而坐，食品咸置之筵间，后人因有筵席之称，又谓之曰酒席。就其主要品而书之，曰烧烤席，曰燕菜席，曰鱼翅席，曰鱼唇席，曰海参席，曰蛏干席[②]，曰三丝席（鸡丝、火腿丝、肉丝为三丝）等是也。若全羊席、全鳝席、豚蹄席，则皆各地所特有，非普通所尚。

计酒席食品之丰俭，于烧烤席、燕菜席、鱼翅席、鱼唇席、海参席、蛏干席、三丝席各种名称之外，更以碟碗之多寡别之，曰十六碟八大八小，曰十二碟六大六小，曰八碟四大四小。碟，即古之饾饤[③]，今以置冷荤（干脯也）、热荤（亦肴也，第较置于碗中者为少）、糖果、（蜜渍品）、干果（落花生、瓜子之类）、鲜果（梨、橘之类）。碗之大者盛全鸡、全鸭、全鱼或汤，或羹，小者则煎炒，点心进二次或一次。有客各一器者，有客共一器者。大抵甜咸参半，非若肴馔之咸多甜少也。

光、宣间之筵席，有不用小碗而以大碗、大盘参合用之者，曰十大件，曰八大件。或更于进饭时加以一汤，碟亦较少，多者至十二，盖糖果皆从删也。点心仍有，或二次，或一次，则任便。

宴客于酒楼，所用肴馔，有整席、零点之别。整席者，如烧烤席，如燕菜席，如鱼翅席，如海参席，如蛏干席，如三丝席是也。若此者，凡碟碗所盛之食物，有由酒楼自定者，有由主人酌定者。客不问，餔啜而已[④]。至于零点，则于冷荤、热荤、干果、鲜果各碟及点心外，客可任己意而择一肴，主人亦如之，大率皆小碗之肴也。惟主人须备大碗之主菜四品或二品以敬客。

晚近以来，颇有以风尚奢侈，物价腾踊，而于宴客一事，欲求其节费而卫生者。则一汤四肴，荤素参半。汤肴置于案之中央，如旧式。若在夏日，则汤为火腿鸡丝冬瓜汤，肴为荷叶所包之粉蒸鸡、清蒸鲫鱼、炒豇豆、粉丝豆芽、蛋炒猪肉，点心为黑枣蒸鸡蛋糕或虾仁面，饭后各一果。唯案之中央，必有公碗公箸以取汤取肴。食时，则用私碗私箸，自清洁矣。且一汤四肴，已足果腹，不至为过饱之侏儒也。

酒楼宴客，有于酒阑时，由酒楼之佣保自备二肴或一肴以敬主客者。主人必于劳金之外，别有所酬。然此唯北方有之。至饭时佐餐之盐渍、酱渍各小菜，则亦佣保所献，无论南北皆然。

以本有劳金加一之赏，故不另给。加一者，例如合酒肴茶饭一切杂费而计之为银二十圆，须更给二圆也。

上海之酒楼，初惟天津、金陵、宁波三种，其后乃有苏、徽、闽、蜀人之专设者。当时天津馆所有桌面围碟、点心，不列帐，统归堂彩（佣保曰堂倌，所得赏金曰堂彩）。

【注释】

①肆筵：设宴。

②蛏干：蛏是小贝壳类的海水产，双壳纲竹蛏科海产贝类。软体动物。

③饾饤：供陈设的食品，后比喻堆砌辞藻。

④餔啜：吃喝。

烧烤席

烧烤席，俗称满汉大席，筵席中之无上上品也。烤，以火干之也。于燕窝、鱼翅诸珍错外，必用烧猪、烧方[①]，皆以全体烧之。酒三巡，则进烧猪，膳夫、仆人皆衣礼服而入。膳夫奉以待，仆人解所佩之小刀脔割之，盛于器，屈一膝，献首座之专客。专客起箸，簉座者始从而尝之[②]，典至隆也。次者用烧方。方者，豚肉一方，非全体，然较之仅有烧鸭者，犹贵重也。

【注释】

①烧方：烧方肉。

②簉（zào）：副的，附属的。

燕窝席

酒筵中以燕窝为盛馔，次于烧烤，唯享贵宾时用之。客就席，最初所进大碗之肴为燕窝者，曰燕窝席，一曰燕菜席。若盛以小碗，进于鱼翅之后者，则不为郑重矣。制法有二。咸者，掺以火腿丝、笋丝、猪肉丝，加鸡汁炖之。甜者，仅用冰糖，或蒸鸽蛋以杂于中。

全羊席

清江庖人善治羊[①]，如设盛筵，可以羊之全体为之。蒸之，烹之，炮之，炒之，爆之，灼之，燻之[②]，炸之。汤也，羹也，膏也，甜也，咸也，辣也，椒盐也。所盛之器，或以碗，或以盘，或以碟，无往而不见为羊也。多至七八十品，品各异味。号称一百有八品者，张大之辞也。中有纯以鸡鸭为之者。即非回教中人，亦优为之，谓之曰全羊席。同、光间有之。

甘肃兰州之宴会，为费至巨，一烧烤席须百余金，一燕菜席须八十余金，一鱼翅席须四十余金。等而下之，为海参席，亦须银十二两，已不经见。居人通常所用者，曰全羊席。盖羊值殊廉，出二三金，可买一头。尽此羊而宰之，制为肴馔，碟与大小之碗皆可充实，专味也。

【注释】

①庖人：厨师。

②燻：同“熏”。

全鳝席

同、光间，淮安多名庖，治鳝尤有名，胜于扬州之厨人，且能以全席之肴，皆以鳝为之，多者可至数十品。盘也，碗也，碟也，所盛皆鳝也，而味各不同，谓之曰全鳝席。号称一百有八品者，则有纯以牛羊豕鸡鸭所为者合计之也。

豚蹄席

自粤寇乱平，东南各省风尚侈靡，普通宴会，必鱼翅席。虽皆知其无味，若无此品，客辄以为主人慢客而为之齿冷矣。嘉定不然，客入座，热荤既进，其碗肴之第一品为豚蹄，蹄之皮皱，意若曰此为特豚也[①]。嘉定大族如徐，如廖，亦皆若是，齐民无论已。

【注释】

①特豚：小猪。

看　席

饾饤，一作饤饾。今俗燕会，黏果列席前，曰看席饤坐，古称饤坐，谓饤而不食。唐韩愈诗:“或如临食案，肴核纷饤饾。”是也。俗且谓宴享大宾，一吃席、一看席也。

每人每

欧美各国及日本之会食也，不论常餐盛宴，一切食品，人各一器。我国则大众杂坐，置食品于案之中央，争以箸就而攫之，夹涎入馔，不洁已甚。唯广州之盛筵，间有客各肴馔一器者，俗呼之曰每人每，价甚昂。然以昭示敬礼之意，非为讲求卫生而设也。

醵资会饮

醵资会饮之法有四[①]。一，会饮者十人，人出银币二圆，得二十圆，以其中之一人主办其事。而酒食之资及杂费，须二十二圆，结账时，人各增二角，此平均分配者也。一，会饮者十人，人出银币一圆，得十圆，亦以其中之一人主办其事。而酒食之资及杂费，须十圆有奇，则十圆犹不足也，畸零之数，即由主办者出之，此有一人担负稍重者也。一，会饮者十人，约计酒食之资及杂费需银币十圆，先由一人以墨笔画兰草于纸，但画叶，不画花，十人则十叶，于九叶之根写明银数，数有大小，多者数圆，少者数角，一叶之根无字，不使九人见之。既徧写矣[②]，乃将有根处之纸折叠之，露其十叶之端，由画兰者授与九人，使各于叶之端，自写姓名。九人写讫，画兰者亦以己之姓名就其一叶之端而自写之。写竣，伸纸观之，何叶之姓名与何叶之银数相合，即依数出银，无违言。是出资者九人也，其姓名在于根无一字之叶者，可赤手而得醉饱矣。俗谓之曰撇兰[③]。一，会饮者十人，各任一次之赀，迭为主人，以醉以饱，十次而普及矣，银数之多寡则不计。此即世俗所称车轮会，又曰擡石头者是也[④]。

【注释】

①醵：凑钱。

②徧：同“遍”。

③撇兰：凑合聚餐或买小吃费用的一种方式，带有游戏性质。

④擡（tái）：即“抬”。抬石头，聚餐、娱乐等消费后结账时各人均摊的做法。

西 餐

国人食西式之饭，曰西餐，一曰大餐，一曰番菜，一曰大菜。席具刀、叉、瓢三事，不设箸。光绪朝，都会商埠已有之。至宣统时，尤为盛行。席之陈设，男女主人必坐于席之两端，客坐两旁，以最近女主人之右手者为最上，最近女主人左手者次之，最近男主人右手者又次之，最近男主人左手者又次之，其在两旁之中间者则更次之。若仅有一主人，则最近主人之右手者为首座，最近主人之左手者为二座，自右而出，为三座、五座、七座、九座，自左而出，为四座、六座、八座、十座，其与主人相对居中者为末座。既入席，先进汤。及进酒，主人执杯起立（西俗先致颂词，而后主客碰杯起饮，我国颇少），客亦起执杯，相让而饮。于是继进肴，三肴、四肴、五肴、六肴均可，终之以点心或米饭，点心与饭亦或同用。饮食之时，左手按盆，右手取匙。用刀者，须以右手切之，以左手执叉，叉而食之。事毕，匙仰向于盆之右面，刀在右向内放，叉在右，俯向盆右。欲加牛油或糖酱于面包，可以刀取之。一品毕，以瓢或刀或叉置于盘，役人即知其此品食毕，可进他品，即取已用之瓢刀叉而易以洁者。食时，勿使餐具相触作响，勿咀嚼有声，勿剔牙。

进点后，可饮咖啡，食果物，吸烟（有妇女在席则不可。我国普通西餐之宴会，女主人之入席者百不一觏），并取席上所设之巾，揩拭手指、唇、面，向主人鞠躬致谢。

今繁盛商埠皆有西餐之肆，然其烹饪之法，不中不西，徒为外人扩充食物原料之贩路而已。

我国之设肆售西餐者，始于上海福州路之一品香，其价每人大餐一元，坐茶七角，小食五角，外加堂彩、烟酒之费。当时人鲜过问，其后渐有趋之者，于是有海天春、一家春、江南春、万长春、吉祥春等继起，且分室设座焉。

公司菜

公司菜，西餐馆有之，肴馔若干品，由馆中预定，客不能任意更易，宜于大宴会，以免客多选肴之烦琐也。谓之公司者，意若结团体而为之也。

名人食事

清末民初，几千年帝制终结，末代皇帝走出紫禁城。普通群众对紫禁城里的生活更加好奇。《清稗类钞》充分满足了人们这种猎奇欲望，收集了紫禁城的当家人——清代著名帝、后有关“吃”的故事：康熙忧民、乾隆奢侈、道光节俭、光绪可怜、慈禧讲究……此外，还有和珅等清代名臣在朝堂之外的饮食小爱好、小故事。本节均选自《清稗类钞》，“山川异域”部分主要介绍不同地域食俗。

圣祖赐宋荦豆腐法

圣祖南巡[①]，宋牧仲在苏抚任内迎銮[②]。某日，有内臣颁赐食品，并传谕云：“宋荦是老臣，与众巡抚不同，着照将军、总督一样颁赐。”计活羊四只，糟鸡八只，糟鹿尾八个，糟鹿舌六个，鹿肉干二十四束，鲟鳇鱼干四束，野鸡干一束。又传旨云：“朕有日用豆腐一品，与寻常不同。因巡抚是有年纪的人，可令御厨太监传授与巡抚厨子，为后半世受用。”

和殿宴 《唐土名胜图会》

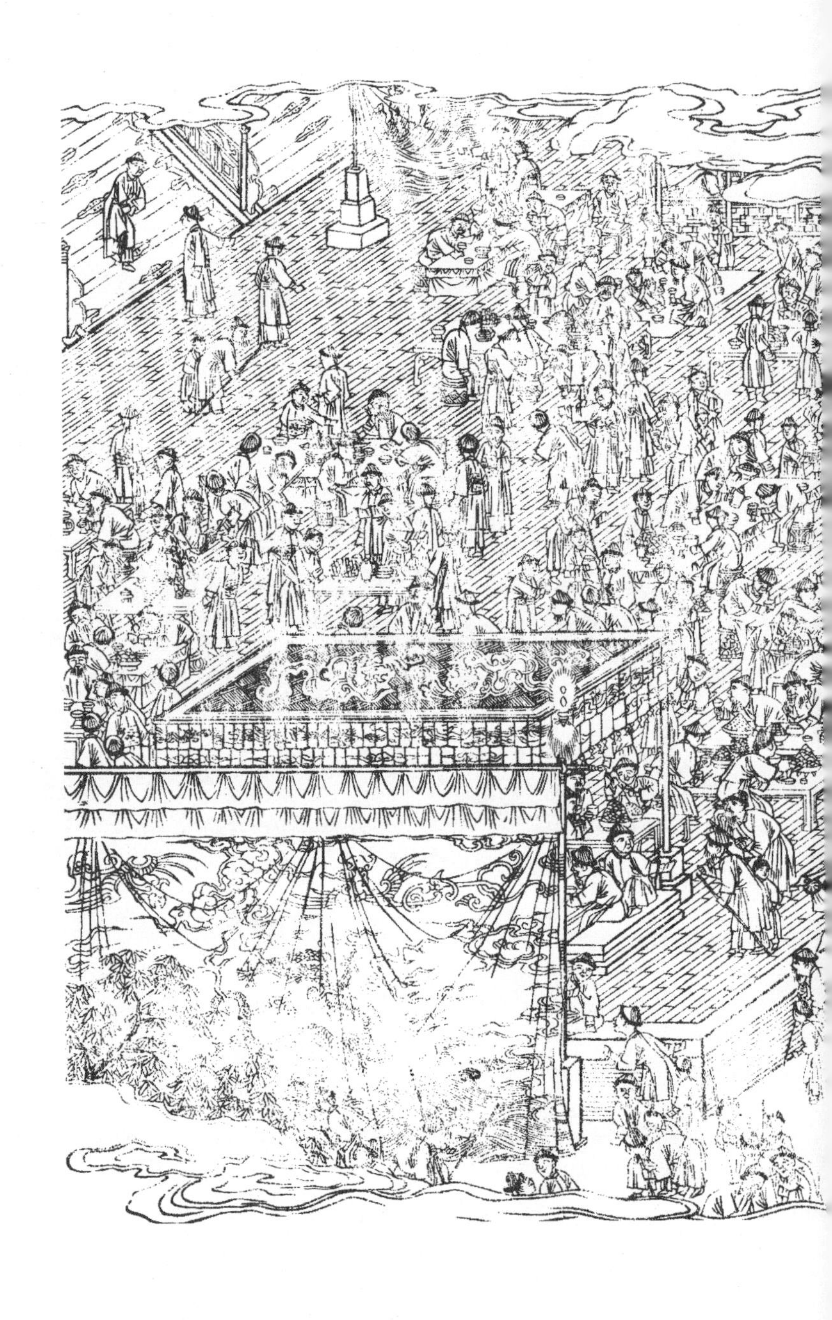

乾清宮
千叟宴

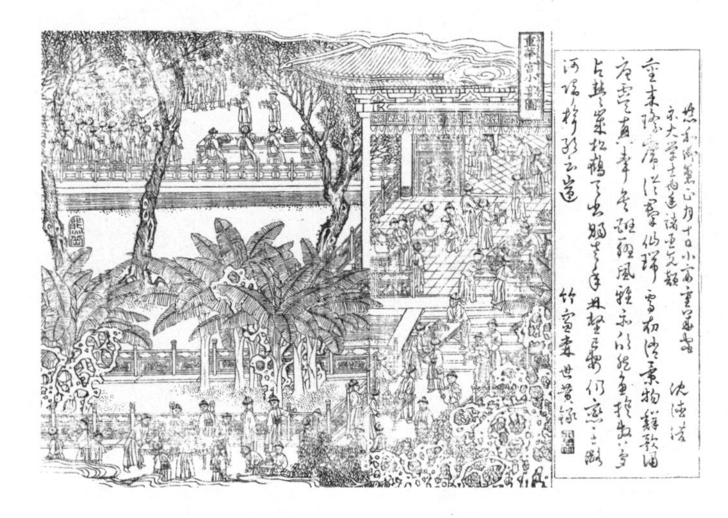

重华宫小宴图　《唐土名胜图会》

《唐土名胜图会》被公认为是中日文化交流的珍贵图籍。书中介绍了清代乾隆、嘉庆时都城的繁华、殿宇的宏伟及至当时的生活习俗、节日、祭祀、皇家大典等。此书也被称为“中国大清朝的百科全书”。

【注释】

①圣祖：清圣祖，即玄烨，年号康熙，庙号圣祖。

②宋牧仲：宋荦，字牧仲，归德府人，清代官员、诗人、画家，被康熙帝誉为“清廉为天下巡抚第一”。曾任江苏巡抚，康熙几次南巡时驻跸苏州，宋荦负责接待。

圣祖一日二餐

张文端公鹏翮尝偕九卿奏祈雨[①]，圣祖览疏毕，曰：“不雨，米价腾贵，发仓米平价粜糁子米，小民又拣食小米，且平日不知节省。尔汉人，一日三餐，夜又饮酒。朕一日两餐，当年出师塞外，日食一餐。今十四阿哥领兵在外亦然。尔汉人若能如此，则一日之食，可足两食，奈何其不然也？”

文端奏云：“小民不知蓄积，一岁所收，随便耗尽，习惯使然。”圣祖云：“朕每食仅一味，如食鸡则鸡，食羊则羊，不食兼味，余以赏人。七十老人，不可食盐酱咸物，夜不可食饭，遇晚则寝，灯下不可看书，朕行之久而有益也。”

【注释】

①张文端公鹏翮：张鹏翮（hé），四川遂宁人，清代名臣、治河专家。

高宗谓蔬食可口

高宗南巡[1]，至常州，尝幸天宁寺，进午膳。主僧以素肴进，食而甘之，乃笑语主僧曰："蔬食殊可口，胜鹿脯、熊掌万万矣。"

【注释】

①高宗：清高宗，即弘历，年号乾隆，庙号高宗。

餬粥生姜炒米茶[1]

餬粥为常州食品。盖他处食粥，皆以米粒煮之，故一名稀饭。惟常州则屑米为粉，名曰餬粥，俗遂有"餬粥生姜炒米茶"之谚。高宗南巡时，驻跸常州，垂询食品，刘文定公纶以里谚"餬粥生姜炒米茶"对[2]，帝嘉其土风之俭焉。

【注释】

①餬：同"糊"，后同。

②刘文定公纶：刘纶，字如叔，号绳庵，又号慎涵，常州人。与大学士刘统勋同辅政，有"南刘东刘"之称。

高宗饮龙井新茶

杭州龙井新茶，初以采自谷雨前者为贵，后则于清明节前采者入贡，为头纲。颁赐时，人得少许，细仅如芒。沦之，微有香，而未能辨其味也。

高宗命制三清茶，以梅花、佛手、松子瀹茶，有诗纪之。茶宴日即赐此茶，茶碗亦摹御制诗于上。宴毕，诸臣怀之以归。

汪文端食鸡蛋

旗员之任京秩者，以内务府为至优厚。承平时，内务府堂郎中岁入可二百万金。即以鸡蛋言之，其开支之巨，实骇听闻。乾隆朝，大学士汪文端公由敦一日召见①，高宗从容问曰："卿昧爽趋朝，在家曾吃点心否？"文端对曰："臣家贫，晨餐不过鸡蛋四枚而已。"

上愕然曰："鸡蛋一枚需十金，四枚则四十金矣。朕尚不敢如此纵欲，卿乃自言贫乎？"文端不敢质言，则诡词以对曰："外间所售鸡蛋，皆残破不中上供者，臣故能以贱直得之，每枚不过数文而已。"上颔之。

【注释】

①汪文端公由敦：汪由敦，乾隆间官至吏部尚书，卒谥文端。

翁叔平食鸡蛋

德宗尝问翁叔平相国曰①："南方肴馔极佳，师傅何所食？"

翁以鸡蛋对，帝深诧之。盖御膳若进鸡蛋，每枚须银四两，不常御也。较之乾隆朝，则廉矣。

【注释】

①翁叔平相国：翁同龢，字叔平，晚清名臣，历任户部尚书、工部尚书、军机大臣兼总理各国事务衙门大臣，先后担任清同治、光绪两代帝师，卒谥文恭。

宣宗思片儿汤

宣宗最崇俭德[①]，故道光时内务府岁出之额，不过二十万，堂司各官皆有臣朔欲死之叹。一日，上思片儿汤，令膳房进之。次晨，内务府即奏请设置御膳房一所，专供此物，尚须设专官管理，计开办费若干万金，常年经费又数千金。上乃曰："毋尔，前门外某饭馆，制此最佳，一碗值四十文耳，可令内监往购之。"

半日复奏曰："某饭馆已关闭多年矣。"上无如何，但太息曰："朕不以口腹之故妄费一钱也。"

【注释】

①宣宗：清宣宗，旻宁，年号道光，庙号宣宗。

椵木饺

宫中于五月食椵木饺[①]。《尔雅·释草》[②]："椵，木槿。"《方言》[3]：“燕之东北、朝鲜洌水之间谓之椵。”此关外旧俗，尚沿古时名称也。又有苏造糕、苏造酱诸物。相传孝全后生长吴中[4]，亲自仿造，故以名之。

【注释】

①椵：古书上说的一种树，柚子一类。

②《尔雅》：中国第一部词典，被称为“辞书之祖”，“十三经”之一。

③《方言》：《輶轩使者绝代语释别国方言》，简称《方言》，汉代大学者扬雄所著，《方言》是汉代训诂学一部重要的工具书。

④孝全后：孝全成皇后，钮钴禄氏，原满洲正红旗人，后抬满洲镶黄旗，道光第三任皇后，咸丰生母。孝全幼时，父亲承恩公颐龄曾在苏州任驻防将军。

文宗饮鹿血

文宗御宇时[1]，体多疾，面常黄，时问医者以疗疾法，医谓鹿血可饮。于是养鹿百数十，日命取血以进。迨咸丰庚申，英法联军入京，焚圆明园，徇协办大学士肃顺等之请[2]，幸热河。肃顺辈导之出游，益溺于声色。辛酉，咯疾大作，令取鹿血以供，仓卒不可得，遂崩。

【注释】

①文宗：清文宗，奕詝，年号咸丰，庙号文宗。

②肃顺：爱新觉罗氏，满洲镶蓝旗人，“铁帽子王”郑献亲王济尔哈朗七世孙，咸丰帝驾崩前受命为赞襄政务王大臣，“辛酉政变”后被斩于菜市口。

德宗食草具

德宗受制于孝钦后，虽饮食品，亦不令太监以新鲜者进。一日，觐孝钦，微言所进者为草具，孝钦曰：“为人上者亦讲求口腹之末耶？奈何独背祖宗遗训！”言时声色俱厉，德宗遂默不敢声。

光绪戊戌，德宗被幽瀛台，每膳虽有馔数十品，离座稍远者半已臭腐，盖连日呈进，饰观而已，无所易也。余亦干冷，不可口，故每食不饱。偶欲令御膳房易一品，御膳房必奏明孝钦，孝钦辄以俭德责之，竟不敢言。

德宗嗜茶烟

德宗嗜茶，晨兴，必尽一巨瓯，雨脚云花，最工选择。其次闻鼻烟少许，然后诣孝钦后宫行请安礼。

德宗食烧饼

德宗喜食烧饼，太监为购之以进，一枚须银一两。

孝钦后之饮食品

孝钦后用膳无定所[①]，唯每饭必有上铺白布之三大桌，其及时陈设也。太监立于院中，持多数食盒以进，盒黄色，中可置二大碗四小碗，碗皆黄底绿龙或寿字，约一百五十品，列成长式，大碗小碟相间排列。别有二几置果盘，皆糖莲子、瓜子、核桃等干鲜果品，为餐后随意掇食之用。

至茗饮时，辄置金银花于茶器中。肴之最多者为猪羊鸡鸭野菜，即以肉丸论，亦有红白二色，此外尚有清汤鱼翅、蒸鸡鸭、锅烧鸡鸭（鸡上覆以松柏之枝）、鸡蛋饼、香肉、白菜煨肉、萝卜煨肉、樱桃烧肉、葱烩肉片、竹笋炒肉丝之属。

孝钦喜食烧烤与酱及麦类，饼为炕饼、蒸饼、椒盐饼、甜饼，亦有以肉为馅者，其式为龙形、蝶形、花形，又有大米小米粥、绿豆糕、花生糕带甜汤，凡此种种，皆常膳所必备者也。米饭以玉田稻米为之，长及寸，有胭脂、碧粳诸名。常膳必备粥，至五十余种之多，稻粱菽麦无所不有。故每餐所耗辄需百金。

御厨供膳，小菜俱盛以碟，如腌西瓜皮之类，亦灿然大备，其味精绝，闻别有泡制之方。

大梨切为块，以密渍之，尤为隽味[2]，诸王大臣时蒙撤赐。孝钦晚年，时患咳，故以此代滋润之品焉。

水皆于玉泉山汲之，清冽异常，非泥沙俱下者所能比也。

太后用膳毕，辄命皇后、宫妃等食之，然不得坐，唯立而餐之，且不敢言语。

【注释】

①孝钦后：即慈禧皇太后叶赫那拉氏，“孝钦”为叶赫那拉氏死后谥号，通常简称“孝钦显皇后”（咸丰帝谥号“显”），“慈禧”为同治帝即位时上的徽号。

②隽：美味。

孝钦后赐德宗汤圆

德宗尝谒孝钦后，一日，孝钦方食汤圆，问：“汝已食乎？”德宗不敢以已食对，因曰：“尚未。”即赐食若干枚。问：“已饱乎？”曰：“尚未。”乃更赐食。如此者数四，腹胀不能尽食，乃私匿之于袖中。归而汤圆满袖，汁淋漓满身，乃命太监换小衫。而其私服，尽为孝钦搜去，因狼藉而着之。后内监辗转以外间小衫进，乃得易衣。

莲花白

瀛台种荷万柄，青盘翠盖，一望无涯。孝钦后每令小阉采其蕊，加药料，制为佳酿，名莲花白。注于瓷器，上盖黄云缎袱，以赏亲信之臣。其味清醇，玉液琼浆，不能过也。

孝钦后思素馔

孝钦后尝召见伍秩庸侍郎①，语及饮食。秩庸请以素馔进御，孝钦俞之。而左右以孝钦春秋高，谓非食肉不饱，遂罢。其后，孝钦寝疾，念秩庸之言，因又命以素馔进，旋以腹疾而止。

【注释】

①伍秩庸侍郎：伍廷芳，本名叙，字文爵，又名伍才，号秩庸，后改名廷芳，晚清著名外交官，曾任清政府外务部右侍郎、刑部右侍郎。辛亥革命后南北和议，为南方谈判代表。

袁慰亭之常食

袁慰亭内阁世凯喜食填鸭①，而豢此填鸭之法，则日以鹿茸捣屑，与高粱调和而饲之。而又嗜食鸡卵，晨餐六枚，佐以咖啡或茶一大杯，饼干数片，午餐又四枚，夜餐又四枚。其少壮时，则每餐进每重四两之饝各四枚[②]，以肴佐之。

【注释】

①袁慰亭内阁世凯：袁世凯，字慰亭（又作慰廷），河南项城人，也称“袁项城”，辛亥革命后任清政府内阁总理大臣。

②饝：同“馍”。

和珅餐珠

和珅贪黩枉法，僭侈踰制，世多知之。相传和每日早起，屑珠为粉作晨餐，饵珠后心窍开朗。

纪文达嗜旱烟

河间纪文达公昀嗜旱烟[①]，斗最大，能容烟叶一两许。烟草之中，有黄烟者，产于闽，文达亦嗜之。其味香而韵，唯不易燃，呼吸稍缓即息。谚以“红”“松”“通”三字为吸烟诀。嘉庆以前，有所谓大号、抖丝、抖绒者，每斤价一二百文，继有顶高、上高、超高之别，后又易为头印、二印、三印、四印，最贵之价，每斤至钱一千六百文。

文达有戚王某，喜吸兰花烟。兰花烟者，入珠兰花于中，吸时甚香。然王之烟斗甚小。一日，访文达，自诩烟量之宏，文达笑而语之曰：“吾之斗与君之斗奚若?”乃以一小时赛吸，于是文达吸七斗，王亦仅得九斗也。

【注释】

①纪文达公昀：纪昀，字晓岚，别字春帆，直隶河间府人。官至礼部尚书、协办大学士，太子少保，曾任《四库全书》总纂官。卒谥文达。

方望溪宴客不劝客

有饮于方望溪侍郎邸中者[①]，绝不劝客。或疑而问之，方曰：“礼，主人宴客，客将饭，主人必以粗粝为辞，客必强飧之[②]，以为至美。今主人劝客，客反不飧，岂礼也哉？孔子食于少施氏而饱，客将祭，主人辞曰：‘不足祭也。’客将飧，主人辞曰：‘不足飧也。’”

【注释】

①方望溪侍郎：即方苞，字灵皋，亦字凤九，晚年号望溪，亦号南山牧叟，安徽桐城人，清代著名散文流派“桐城派”创始人，康熙时期入值南书房，雍正、乾隆时期曾任礼部侍郎。

②飧（sūn）：本义为晚饭，此处意为使客人吃饭。这段文字出自《礼记》，按照古代礼仪，吃饭之前需要先祭先祖，但有客人时则以客人为尊，先吃饭后祭先祖，客人懂礼就会提出先祭后吃。

某尚书宴某藩司

同治朝，杭有尚书某者，方致仕家居。时有藩司某[1]，以饮食苛求属吏，牧令患之[2]。尚书曰："此吾门生，当谕之。"俟其来谒，款之，曰："老夫欲设席，恐妨公务，留此一饱家常饭，对食能乎?"藩司以师命不敢辞。

自朝至午，饭犹未出，饥甚。比进食，唯脱粟饭、豆腐一器而已，各食三碗，藩司觉过饱。少顷，佳肴美酝，罗列于前，不能下箸。尚书强之，对曰："饱甚，不能复食。"尚书笑曰："可见饮馔原无精粗，饥时易为食，饱时难为味，时使然耳。"藩司喻其意，自是不复以盘飧责人。

【注释】

①藩司：明清时布政使的别称，主管一省民政与财务。

②牧令：原指州牧和县令，清代指知州、知县。

大师的菜，家常的味

李渔的雅致生活:《闲情偶寄》

清初著名文学家李渔是一个非常懂得享受生活的人，他所著《闲情偶寄》深语生活之道，被林语堂称为“中国人生活艺术的指南”。《闲情偶寄》的“饮馔部”专讲饮食，将日常饮食分为蔬食、谷食、肉食三部分，李渔结合自身经验与读者分享他的饮食养生之道。他偏爱素食，将蔬食列为第一，而笋又是蔬食之中第一品；他对肉食无甚偏爱，对于吃鹅的某些做法不忍心听，只是嗜螃蟹如命，非常了解螃蟹的习性；他是一个嘴刁的美食家，特别熟悉不同食材的烹饪宜忌。李渔不仅有美食理论，还曾经亲自下厨，以“四美羹”待客，好评如潮，就连简单的煮米饭，他也有自己的小妙招。

饮馔部·蔬食第一

笋

至于笋之一物……此蔬食中第一品也，肥羊嫩豕，何足比肩。但将笋肉齐烹，合盛一簋，人止食笋而遗肉，则肉为鱼而笋为熊掌可知矣。购于市者且然，况山中之旋掘者乎？食笋之法多端，不能悉纪，请以两言概之，曰:“素宜白水，荤用肥猪。”茹斋者食笋，若以他物伴之，香油和之，则陈味夺鲜，而笋之真趣没矣。白煮俟熟，略加酱油，从来至美之物，皆利于孤行，此类是也。以之伴荤，则牛羊鸡鸭等物皆非所宜，独宜于豕，又独宜于肥。肥非欲其腻也，肉之肥者能甘，甘味入笋，则不见其甘，但觉其鲜之至也。烹之既熟，肥肉尽当去之，即汁亦不宜多存，存其八而益以清汤。调和之物，惟醋与酒。此制荤笋之大凡也。笋之为物，不止孤行并用各见其美，凡食物中无论荤素，皆当用作调和。菜中之笋与药中之甘草，同是必需之物，有此则诸味皆鲜，但不当用其渣滓，而用其精液。庖人之善治具者，凡有焯笋之汤，悉留不去，每作一馔，必以和之，食者但知他物之鲜，而不知有所以鲜之者在也。

蕈

求至鲜至美之物于笋之外，其唯蕈乎？蕈之为物也，无根无蒂，忽然而生，盖山川草木之气，结而成形者也，然有形而无体。凡物有体者必有渣滓，既无渣滓，是无体也。无体之物，犹未离乎气也。食此物者，犹吸山川草木之气，未有无益于人者也。其有毒而能杀人者，《本草》云以蛇虫行之故。予曰：不然。蕈大几何，蛇虫能行其上？况又极弱极脆而不能载乎？盖地之下有蛇虫，蕈生其上，适为毒气所钟，故能害人。毒气所钟者能害人，则为清虚之气所钟者，其能益人可知矣。世人辨之原有法，苟非有毒，食之最宜。此物素食固佳，伴以少许荤食尤佳，盖蕈之清香有限，而汁之鲜味无穷。

莼

陆之蕈，水之莼，皆清虚妙物也。予尝以二物作羹，和以蟹之黄，鱼之肋，名曰“四美羹”。座客食而甘之，曰：“今而后，无下箸处矣！”

菜

制菜之法……有八字诀云：“摘之务鲜，洗之务净。”

菜类甚多，其杰出者则数黄芽。此菜萃于京师，而产于安肃，谓之“安肃菜”，此第一品也。每株大者可数斤，食之可忘肉味。

不得已而思其次，其唯白下之水芹乎！予自移居白门，每食菜、食葡萄，辄思都门；食笋、食鸡豆，辄思武陵。物之美者，犹令人每食不忘，况为适馆授餐之人乎？

菜有色相最奇，而为《本草》《食物志》诸书之所不载者，则西秦所产之头发菜是也。予为秦客，传食于塞上诸侯。一日脂车将发，见炕上有物，俨然乱发一卷，谬谓婢子栉发所遗，将欲委之而去。婢子曰："不然，群公所饷之物也。"询之土人，知为头发菜。浸以滚水，伴以姜醋，其可口倍于藕丝、鹿角等菜。携归饷客，无不奇之，谓珍错中所未见。

瓜茄瓠芋山药

瓜、茄、瓠、芋诸物，菜之结而为实者也。实则不止当菜，兼作饭矣。增一簋菜，可省数合粮者，诸物是也。一事两用，何俭如之？贫家购此，同于籴粟。但食之各有其法：煮冬瓜、丝瓜忌太生，煮王瓜、甜瓜忌太熟；煮茄、瓠利用酱醋，而不宜于盐；煮芋不可无物伴之，盖芋之本身无味，借他物以成其味者也；山药则孤行并用，无所不宜，并油盐酱醋不设，亦能自呈其美，乃蔬食中之通材也。

萝　卜

生萝卜切丝作小菜，伴以醋及他物，用之下粥最宜。但恨其食后打嗳，嗳必秽气。予尝受此厄于人，知人之厌我，亦若是也，故亦欲绝而弗食。然见此物大异葱蒜，生则臭，熟则不臭，是与初见似小人，而卒为君子者等也。虽有微过，亦当恕之，仍食勿禁。

饮馔部·谷食第二

饭　粥

宴客者有时用饭，必较家常所食者稍精。精用何法？曰：使之有香而已矣。予尝授意小妇，预设花露一盏，俟饭之初熟而浇之，浇过稍闭，拌匀而后入腕。食者归功于谷米，诧为异种而讯之，不知其为寻常五谷也。此法秘之已久，今始告人。行此法者，不必满釜浇遍，遍则费露甚多，而此法不行于世矣。止以一盏浇一隅，足供佳客所需而止。露以蔷薇、香橼、桂花三种为上，勿用玫瑰，以玫瑰之香，食者易辨，知非谷性所有。蔷薇、香橼、桂花三种，与谷性之香者相若，使人难辨，故用之。

面

所制面有二种，一曰“五香面”，一曰“八珍面”。

五善膳己，八珍饷客，略分丰俭于其间。五香者何？酱也，醋也，椒末也，芝麻屑也，焯笋或煮蕈煮虾之鲜汁也。先以椒末、芝麻屑二物拌入面中，后以酱醋及鲜汁三物和为一处，即充拌面之水，勿再用水。拌宜极匀，擀宜极薄，切宜极细，然后以滚水下之，则精粹之物尽在面中，尽勾咀嚼，不似寻常吃面者，面则直吞下肚，而止咀咂其汤也。

八珍者何？鸡、鱼、虾三物之内，晒使极干，与鲜笋、香蕈、芝麻、花椒四物，共成极细之末，和入面中，与鲜汁共为八种。酱醋亦用，而不列数内者，以家常日用之物，不得名之以珍也。鸡鱼之肉，务取极精，稍带肥腻者弗用，以面性见油即散，擀不成片，切不成丝故也。但观制饼饵者，欲其松而不实，即拌以油，则面之为性可知已。鲜汁不用煮肉之汤，而用笋、蕈、虾汁者，亦以忌油故耳。所用之肉，鸡、鱼、虾三者之中，唯虾最便，屑米为面，势如反掌，多存其末，以备不时之需；即膳已之五香，亦未尝不可六也。拌面之汁，加鸡蛋青一二盏更宜，此物不列于前而附于后，以世人知用者多，列之又同剿袭耳。

饮馔部·肉食第三

鹅

有告予食鹅之法者，曰：昔有一人，善制鹅掌。每豢肥鹅将杀，先熬沸油一盂，投以鹅足，鹅痛欲绝，则纵之池中，任其跳跃。已而复擒复纵，炮瀹如初。若是者数四，则其为掌也，丰美甘甜，厚可径寸，是食中异品也。予曰：惨哉斯言！予不愿听之矣。

蟹

每岁于蟹之未出时，即储钱以待，因家人笑予以蟹为命，即自呼其钱为“买命钱”。自初出之日始，至告竣之日止，未尝虚负一夕，缺陷一时。同人知予癖蟹，召者饷者皆于此日，予因呼九月、十月为“蟹秋”。虑其易尽而难继，又命家人涤瓮酿酒，以备糟之醉之之用。糟名“蟹糟”，酒名“蟹酿”，瓮名“蟹瓮”。向有一婢，勤于事蟹，即易其名为“蟹奴”，今亡之矣。

蟹之鲜而肥，甘而腻，白似玉而黄似金，已造色香味三者之至极，更无一物可以上之。……凡食蟹者，只合全其故体，蒸而熟之，贮以冰盘，列之几上，听客自取自食。剖一筐，食一筐，断一螯，食一螯，则气与味纤毫不漏。

宴上客者势难全体，不得已而羹之，亦不当和以他物，唯以煮鸡鹅之汁为汤，去其油腻可也。

袁枚的美食指南:《随园食单》

《随园食单》是清代最著名的美食著作，作者袁枚是著名诗人，一生著述颇丰。袁枚三十三岁后辞官，在南京购置了他认为是《红楼梦》中大观园的随园，此后优游一生。袁枚交游广阔，美食是他与诸多达官贵人交往的一种手段，也是目的。他去别人家吃饭，发现美食就会让家里的厨子去拜师学艺，所以《随园食单》其实是他四十年间以美食进行社交的成果。袁枚写《随园食单》不是给厨师看的——毕竟在清代，有文化水平的厨师不多，而且袁枚本人是远庖厨的文人雅士——他写这本书其实是给那些有钱有闲、懂生活情趣的达官贵人看的。

《随园食单》开篇先列“须知单”和“戒单”，算是阅读指南，也是饮食指南，介绍了很多袁枚的饮食经验，有些足以让后世奉为圭臬，如：鱼有胆破，而全盘皆苦；美食须美器；饮食戒苟且；等等。该书精华所在是后面的十二项食单，主要是海鲜、特牲（主要是猪）、素菜、点心等，共326种南北菜肴饭点。

海鲜单

鳆　鱼

鳆鱼炒薄片甚佳[1]，杨中丞家削片入鸡汤豆腐中，号称“鳆鱼豆腐”；上加陈糟油浇之[2]。庄大守用大块鳆鱼煨整鸭[3]，亦别有风趣。但其性坚，终不能齿决。火煨三日，才拆得碎。

【注释】

①鳆鱼：又名鲍鱼

②陈糟油：是用酒糟为原料的调味料。

③大守：即“太守”。

燕　窝

燕窝贵物，原不轻用。如用之，每碗必须二两，先用天泉滚水泡之，将银针挑去黑丝。用嫩鸡汤、好火腿汤、新蘑菇三样汤滚之，看燕窝变成玉色为度。此物至清，不可以油腻杂之；此物至文，不可以武物串之。今人用肉丝、鸡丝杂之，是吃鸡丝、肉丝，非吃燕窝也。且徒务其名，往往以三钱生燕窝盖碗面，如白发数茎，使客一擦不见，空剩粗物满碗。真乞儿卖富，反露贫相。不得已则蘑菇丝、笋尖丝、鲫鱼肚、野鸡嫩片尚可用也。余到粤东，杨明府冬瓜燕窝甚佳，以柔配柔，以清入清，重用鸡汁、蘑菇汁而已。燕窝皆作玉色，不纯白也。或打作团，或敲成面，俱属穿凿。

鱼翅二法

鱼翅难烂，须煮两日，才能摧刚为柔。用有二法：一用好火腿、好鸡汤，加鲜笋、冰糖钱许煨烂，此一法也；一纯用鸡汤串细萝卜丝，拆碎鳞翅掺和其中，飘浮碗面。令食者不能辨其为萝卜丝、为鱼翅，此又一法也。用火腿者，汤宜少；用萝卜丝者，汤宜多。总以融洽柔腻为佳。若海参触鼻，鱼翅跳盘，便成笑话。吴道士家做鱼翅，不用下鳞，单用上半原根，亦有风味。萝卜丝须出水二次，其臭才去。尝在郭耕礼家吃鱼翅炒菜，妙绝！惜未传其方法。

海参三法

海参，无味之物，沙多气腥，最难讨好。然天性浓重，断不可以清汤煨也。须检小刺参，先泡去沙泥，用肉汤滚泡三次，然后以鸡、肉两汁红煨极烂。辅佐则用香蕈、木耳，以其色黑相似也。大抵明日访客，则先一日要煨，海参才烂。尝见钱观察家，夏日用芥末、鸡汁拌冷海参丝甚佳。或切小碎丁，用笋丁、香蕈丁入鸡汤煨作羹。蒋侍郎家用豆腐皮、鸡腿、蘑菇煨海参，亦佳。

江瑶柱

江瑶柱出宁波，治法与蚶、蛏同。其鲜脆在柱，故剖壳时多弃少取。

江鲜单

刀鱼二法

刀鱼用蜜酒酿、清酱，放盘中，如鲥鱼法，蒸之最佳。不必加水。如嫌刺多，则将极快刀刮取鱼片，用钳抽去其刺。用火腿汤、鸡汤、笋汤煨之，鲜妙绝伦。金陵人畏其多刺，觉油炙极枯，然后煎之。谚曰：“驼背夹直，其人不活。”此之谓也。或用快刀，将鱼背斜切之，使碎骨尽断，再下锅煎黄，加作料，临食时竟不知有骨：芜湖陶大太法也。

鳅　鱼

鳅鱼用蜜酒蒸食，如治刀鱼之法便佳。或竟用油煎，加清酱、酒酿亦佳。万不可切成碎块，加鸡汤煮；或去其背，专取肚皮，则真味全失矣。

鲟 鱼

尹文端公[①]，自夸治鲟鱼最佳。然煨之太熟，颇嫌重浊。唯在苏州唐氏，吃炒鲟鱼片甚佳。其法切片油炮[②]，加酒、秋油滚三十次，下水再滚起锅，加作料，重用瓜、姜、葱花。又一法，将鱼白水煮十滚，去大骨，肉切小方块，取明骨切小方块；鸡汤去沫，先煨明骨八分熟，下酒、秋油，再下鱼肉，恨二分烂起锅，加葱、椒、韭，重用姜汁一大杯。

【注释】

①尹文端公：尹继善，章佳氏，满洲镶黄旗人，历任云南、川陕、两江总督，文华殿大学士兼翰林院掌院学士，女儿嫁乾隆第八子永璇。谥文端。

②油炮：油爆，用热油爆炒。

特牲单

猪肚二法

将肚洗净，取极厚处，去上下皮，单用中心，切骰子块，滚油炮炒，加作料起锅，以极脆为佳。此北人法也。

南人白水加酒，煨两枝香，以极烂为度，蘸清盐食之，亦可；或加鸡汤作料，煨烂熏切，亦佳。

猪头二法

洗净五斤重者，用甜酒三斤；七八斤者，用甜酒五斤。先将猪头下锅同酒煮，下葱三十根、八角三钱，煮二百余滚；下秋油一大杯、糖一两，候熟后尝咸淡，再将秋油加减；添开水要漫过猪头一寸，上压重物，大火浇一炷香；退出大火，用文火细煨，收干以腻为度；烂后即开锅盖，迟则走油。

一法打木桶一个，中用钢帘隔开，将猪头洗净，加作料闷入桶中，用文火隔汤蒸之，猪头熟烂，而其腻垢悉从桶外流出，亦妙。

猪肺二法

洗肺最难，以冽尽肺管血水，剔去包衣为第一着。敲之仆之[1]，挂之倒之，抽管割膜，功夫最细。用酒水滚一日一夜。肺缩小如一片白芙蓉，浮于水面，再加上作料。上口如泥。汤西厓少宰宴客，每碗四片，已用四肺矣。近人无此功夫，只得将肺拆碎，入鸡汤煨烂亦佳。得野鸡汤更妙，以清配清故也。用好火腿煨亦可。

【注释】

①仆之：仆，同“扑”，敲打。

猪蹄四法

蹄膀一只，不用爪，白水煮烂，去汤，好酒一斤，清酱酒杯半，陈皮一钱，红枣四五个，煨烂。起锅时，用葱、椒、酒泼入，去陈皮、红枣，此一法也。

又一法：先用虾米煎汤代水，加酒、秋油煨之。

又一法：用蹄膀一只，先煮熟，用素油灼皱其皮，再加作料红煨。有土人好先掇食其皮，号称“揭单被”。

又一法：用蹄膀一个，两钵合之，加酒、加秋油，隔水蒸之，以二支香为度，号“神仙肉”。钱观察家制最精。

白片肉

须自养之猪，宰后入锅，煮到八分熟，泡在汤中，一个时辰取起。将猪身上行动之处[①]，薄片上桌。不冷不热，以温为度。此是北人擅长之菜。南人效之，终不能佳。且零星市脯，亦难用也。寒士请客，宁用燕窝，不用白片肉，以非多不可放也。割法须用小快刀片之，以肥瘦相参，横斜碎杂为佳，与圣人“割不正不食”一语，截然相反。其猪身，肉之名目甚多。满洲“跳神肉”最妙[②]。

【注释】

①身上行动之处：身上经常活动的部位。

②跳神肉：跳神是一种祭神请神之舞。跳神也是满族的大

礼，祭神时将猪白煮。祭礼毕，众人席地割肉而食，称“跳神肉”。

干锅蒸肉

用小磁钵，将肉切方块，加甜酒、秋油，装大钵内封口，放锅内，下用文火干蒸之。以两支香为度，不用水。秋油与酒之多寡，相肉而行，以盖满肉面为度。

粉蒸肉

用精肥参半之肉，炒米粉黄色，拌面酱蒸之，下用白菜作垫。熟时不但肉美，菜亦美。以不见水，故味独全。江西人菜也。

脱沙肉

去皮切碎，每一斤用鸡子三个，青黄俱用，调和拌肉；再斩碎，入秋油半酒杯，葱末拌匀，用网油一张裹之；外再用菜油四两，煎两面，起出去油；用好酒一茶杯，清酱半酒杯，焖透，提起切片；肉之面上，加韭菜、香蕈、笋丁。

火腿煨肉

火腿切方块，冷水滚三次，去汤沥干；将肉切方块，冷水滚二次，去汤沥干；放清水煨，加酒四两、葱、椒、笋、香蕈。

八宝肉

用肉一斤，精、肥各半，白煮一二十滚，切柳叶片。小淡菜二两，鹰爪二两，香蕈一两，花海蜇二两，胡桃肉四个去皮，笋片四两，好火腿二两，麻油一两。将肉火锅，秋油、酒煨至五分熟，再加余物，海蜇下在最后。

台鲞煨肉

法与火腿煨肉同。鲞易烂，须先煨肉至八分，再加鲞；凉之则号“鲞冻”。绍兴人菜也。鲞不佳者，不必用。

芙蓉肉

精肉一斤，切片，清酱拖过，风干一个时辰。用大虾肉四十个，猪油二两，切骰子大，将虾肉放在猪肉上。一只虾，一块肉，敲扁，将滚水煮熟撩起。熬菜油半斤，将肉片放在眼铜勺内，将滚油灌熟[1]。再用秋油半酒杯，酒一杯，鸡汤一茶杯，熬滚，浇肉片上，加蒸粉、葱、椒糁上起锅。

【注释】

①灌熟：将热油反复浇于食材上，将食材浇熟。

荔枝肉

用肉切大骨牌片，放白水煮二三十滚，撩起；熬菜油半斤，将肉放火炮透，撩起，用冷水一激，肉皱，撩起；放火锅内，用酒半斤，清酱一小杯，水半斤，煮烂。

尹文端公家风肉

杀猪一口，斩成八块，每块炒盐四钱，细细揉擦，使之无微不到。然后高挂有风无日处。偶有虫蚀，以香油涂之。夏日取用，先放水中泡一宵，再煮，水亦不可太多太少，以盖肉面为度。削片时，用快刀横切，不可顺肉丝而斩也。此物唯尹府至精，常以进贡。今徐州风肉不及，亦不知何故。

烧猪肉

凡烧猪肉，须耐性。先炙里面肉，使油膏走入皮内，则皮松脆而味不走。若先炙皮，则肉中之油尽落火上，皮既焦硬，味亦不佳。烧小猪亦然。

烧小猪

小猪一个，六七斤重者，钳毛去秽，叉上炭火炙之。要四面齐到，以深黄色为度。皮上慢慢以奶酥油涂之，屡涂屡炙。食时酥为上，脆次之，硬斯下矣。旗人有单用酒、秋油蒸者，亦唯吾家龙文弟颇得其法。

排　骨

取肋条排骨精肥各半者，抽去当中直骨，以葱代之，炙用醋、酱频频刷上，不可太枯。

杨公圆

杨明府作肉圆，大如茶杯，细腻绝伦。汤尤鲜洁，入口如酥。大概去筋去节，斩之极细，肥瘦各半，用纤合匀。

黄芽菜煨火腿

用好火腿削下外皮，去油存肉。先用鸡汤将皮煨酥，再将肉煨酥，放黄芽菜心，连根切段，约二寸许长；加蜜、酒酿及水，连煨半日。上口甘鲜，肉菜俱化，而菜根及菜心丝毫不散。汤亦美极。朝天宫道士法也。

羽族单

白片鸡

肥鸡白片，自是太羹、玄酒之味[①]。尤宜于下乡村、入旅店，烹饪不及之时，最为省便。煮时水不可多。

【注释】

①太羹：古代祭祀时所用的肉汁。玄酒：指水。祭祀时以水代酒。水本无色，古人习以为黑色，故称玄酒。

蒸小鸡

用小嫩鸡雏，整放盘中，上加秋油、甜酒、香蕈、笋尖，饭锅上蒸之。

黄芪蒸鸡治瘵①

取童鸡未曾生蛋者杀之，不见水，取出肚脏，塞黄芪一两，架箸放锅内蒸之，四面封口，熟时取出。卤浓而鲜，可疗弱症。

【注释】

①瘵（zhài）：古时指痨病。

蒋　鸡

童子鸡一只，用盐四钱、酱油一匙、老酒半茶杯、姜三大片，放砂锅内，隔水蒸烂，去骨，不用水，蒋御史家法也。

唐　鸡

鸡一只，或二斤，或三斤，如用二斤者，用酒一饭碗，水三饭碗；用三斤者，酌添。先将鸡切块，用菜油二两，候滚熟，爆鸡要透。先用酒滚一二十滚，再下水约二三百滚，用秋油一酒杯，起锅时加白糖一钱，唐静涵家法也。

干蒸鸭

杭州商人何星举家干蒸鸭。将肥鸭一只，洗净斩八块，加甜酒、秋油，淹满鸭面，放磁罐中封好，置干锅中蒸之；用文炭火，不用水，临上时，其精肉皆烂如泥。以线香二支为度。

煨麻雀

取麻雀五十只，以清酱、甜酒煨之，熟后去爪脚，单取雀胸、头肉，连汤放盘中，甘鲜异常。其他鸟鹊俱可类推。但鲜者一时难得。薛生白常劝人勿食人间豢养之物，以野禽味鲜，且易消化。

煨鹩鹑、黄雀

鹩鹑用六合来者最佳。有现成制好者。黄雀用苏州糟，加蜜酒煨烂，下作料，与煨麻雀同。苏州沈观察煨黄雀并骨如泥，不知作何制法。炒鱼片亦精。其厨馔之精，合吴门推为第一。

云林鹅

整套鹅一只，洗净后用盐三钱擦其腹内，塞葱一帚填实其中[①]，外将蜜拌酒通身满涂之，锅中一大碗酒、一大碗水蒸之，用竹箸架之，不使鹅身近水。灶内用山茅二束，缓缓烧尽为度。

俟锅盖冷后揭开锅盖，将鹅翻身，仍将锅盖封好蒸之，再用茅柴一束烧尽为度。柴俟其自尽，不可挑拨。锅盖用绵纸糊封，逼燥裂缝，以水润之。起锅时，不但鹅烂如泥，汤亦鲜美。以此法制鸭，味美亦同。每茅柴一束，重一斤八两。擦盐时，串入葱、椒末子，以酒和匀。《云林集》中，载食品甚多；只此一法，试之颇效，余俱附会。

【注释】

①一帚：一小撮。

点心单

素　面

先一日将蘑菇蓬熬汁，定清；次日将笋熬汁，加面滚上。此法扬州定慧庵僧人制之极精，不肯传人。然其大概亦可仿求。其纯黑色的或云暗用虾汁、蘑菇原汁，只宜澄云泥沙，不重换水，则原味薄矣。

蓑衣饼

干面用冷水调，不可多，揉擀薄后，卷拢再擀薄了，用猪油、白糖铺匀，再卷拢擀成薄饼，用猪油熯黄。如要盐的，用葱椒盐亦可。

裙带面

以小刀截面成条，微宽，则号“裙带面”。大概作面，总以汤多为佳，在碗中望不见面为妙。宁使食毕再加，以便引人入胜。此法扬州盛行，恰甚有道理。

颠不棱（即肉饺也）

糊面摊开，裹肉为馅蒸之。其计好处全在作馅得法，不过肉嫩、去筋、作料而已。余到广东，吃官司镇台颠不棱，甚佳。中用肉皮煨膏为馅，故觉软美。

薄　饼

山东孔藩台家制薄饼，薄若蝉翼，大若茶盘，柔腻绝伦。家人如其法为之，卒不能及，不知何故。秦人制小锡罐，装饼三十张。每客一罐。饼小如柑。罐有盖，可以贮馅。用炒肉丝，其细如发。葱亦如之。猪羊并用，号曰“西饼”。

虾　饼

生虾肉，葱盐、花椒、甜酒脚少许，加水和面，香油灼透。

水粉汤圆

用水粉和作汤圆，滑腻异常，中用松仁、核桃、猪油、糖作馅，或嫩肉去筋丝捶烂，加葱末、秋油作馅亦可。作水粉法，以糯米浸水中一日夜，带水磨之，用布盛接，布下加灰，以去其渣，取细粉晒干用。

脂油糕

用纯糯粉拌脂油，放盘中蒸熟，加冰糖捶碎，入粉中，蒸好用刀切开。

百果糕

杭州北关外卖者最佳。以粉糯，多松仁、胡桃而不放橙丁者为妙。其甜处非蜜非糖，可暂可久。家中不能得其法。

竹叶粽

取竹叶裹白糯米煮之。尖小，如初生菱角。

面　茶

熬粗茶汁，炒面兑入，加芝麻酱亦可，加牛乳亦可，微加一撮盐。无乳则加奶酥、奶皮亦可。

鸡豆糕

研碎鸡豆，用微粉为糕，放盘中蒸之。临食用小刀片开。

雪花糕

蒸糯饭捣烂，用芝麻屑加糖为馅，打成一饼，再切方块。

软香糕

软香糕，以苏州都林桥为第一。其次虎丘糕，西施家为第二。南京南门外报恩寺则第三矣。

熟　藕

藕须贯米加糖自煮，并汤极佳。外卖者多用灰水，味变，不可食也。余性爱食嫩藕，虽软熟而以齿决，故味在也。如老藕一煮成泥，便无味矣。

金　团

杭州金团，凿木为桃、杏、元宝之状，和粉搦成，入木印中便成。其馅不拘荤素。

萧美人点心

仪真南门外，萧美人善制点心，凡馒头、糕、饺之类，小巧可爱，洁白如雪。

杨中丞西洋饼

用鸡蛋清和飞面作稠水，放碗中。打铜夹剪一把，头上作饼形，如蝶大，上下两面，铜合缝处不到一分。生烈火烘铜夹，撩稠水，一糊一夹一熯，顷刻成饼。白如雪，明如绵纸，微加冰糖、松仁屑子。

白云片

南殊锅巴，薄如绵纸，以油炙之，微加白糖，上口极脆。金陵人制之最精，号“白云片”。

陶方伯十景点心

每至年节，陶方伯夫人手制点心十种，皆山东飞面所为。奇形诡状，五色纷披。食之皆甘，令人应接不暇。萨制军云：“吃孔方伯薄饼，而天下之薄饼可废；吃陶方伯十景点心，而天下之点心可废。”自陶方伯亡，而此点心亦成《广陵散》矣。呜呼！

沙　糕

糯粉蒸糕，中夹芝麻、糖屑。

青糕、青团

捣青草为汁，和粉作粉团，色如碧玉。

花边月饼

明府家制花边月饼，不在山东刘方伯之下。余常以轿迎其女厨来园制造，看用飞面拌生猪油子团百搦，才用枣肉嵌入为馅，裁如碗大，以手搦其四边菱花样。用火盆两个，上下覆而炙之。枣不去皮，取其鲜也；油不先熬，取其生也。含之上口而化，甘而不腻，松而不滞，其功夫全在搦中，愈多愈妙。

刘方伯月饼

用山东飞面，作酥为皮，中用松仁、核桃仁、瓜子仁为细末，微加冰糖和猪油儿馅，食之不觉甚甜，而香松柔腻，迥异寻常。

风　枵

以白粉浸透，制小片入猪油灼之，起锅时加糖糁之，色白如霜，上口而化。杭人号曰“风枵”。

运司糕

卢雅雨作运司，年已老矣。扬州店中作糕献之，大加称赏。从此遂有“运司糕”之名。色白如雪，点胭脂，红如桃花。微糖作馅，淡而弥旨。以运司衙门前店作为佳。他店粉粗色劣。

扬州洪府粽子

洪府制粽，取顶高糯米，捡其完善长白者，去共半颗散碎者，淘之极熟，用大箬叶裹之，中放好火腿一大块，封锅闷煨一日一夜，柴薪不断。食之滑腻温柔，肉与米化。或云：即用火腿肥者斩碎，散置米中。

雪蒸糕法

每磨细粉，用糯米二分，粳米八分为则，一拌粉，将粉置盘中，用凉水细细洒之，以捏则如团、撒则如砂为度。将粗麻筛筛出，其剩下块搓碎，仍于筛上尽出之，前后和匀，使干湿不偏枯。以巾覆之，勿令风干日燥，听用（水中酌加上洋精则更有味，与市中枕儿糕法同）。一锡圈及锡钱，俱宜洗剔极净，临时略将香油和水，布蘸拭之。每一蒸后，必一洗一拭。一锡圈内，将锡钱置妥，先松装粉一小半，将果馅轻置当中，后将粉松装满圈，轻轻挡平，套汤瓶上盖之，视盖口气直冲为度。取出覆之，先去留，后去钱，饰以胭脂，两圈更递为用。一汤瓶宜洗净，置汤分寸以及肩为度。然多演则汤易涸，直留心看视，备热水频添。

酥饼法

冷定脂油一碗，开水一碗，先将油同水搅匀，人生面，尽揉要软，如擀饼一样，外用蒸熟面入脂油，合作一处，不要硬了。然后将生面做团子，如核桃大，将熟面亦作团子，略小一晕，再将熟面团子包在生面团子中，擀成长饼，长可八寸，宽二三寸许，然后折叠如碗样，包上瓤子。

天然饼

经阳张荷塘明府家制天然饼，用上白飞面，加微糖及脂油为酥，随意搦成饼样，如碗大，不拘方圆，厚二分许。用洁净小鹅子石衬而熯之，随其自为凹凸，色半黄便起，松美异常。或用盐亦可。

三层玉带糕

以纯糯粉作糕，分作三层；一层粉，一层猪油、白糖，夹好蒸之，蒸熟切开。苏州人法也。

薛宝辰的素食菜谱:《素食说略》

《素食说略》是宣统时翰林院侍读学士、咸安宫总裁、文渊阁校理薛宝辰所著。薛宝辰晚年笃信佛教，崇尚素食,《素食说略》是他所著最后一部书。这部书共记述了一百七十余品素食的制作方法，堪称一部素食百科全书，这也是这部书的独特之处。

薛宝辰记录的这些素食菜品，基本都是色、香、味俱全：他在意素食的可口，讲述完做法会评价菜品的滋味；他注重素食的营养，在食谱中一再强调“益人”；他还会考虑到食物的颜色搭配，如金玉羹是黄白相配、葛仙米加小豆腐丁是黑白配。蒸、煨、搭芡是出现率非常高的烹饪手法，如花生煨烂，加糖、搭芡，能有接近莲子的味道。佛教徒需要戒酒，但是信佛的薛宝辰并不介意素菜在烹饪过程中加料酒，他还记录了辣椒酱的做法。

制腊水

腊月内，拣极冻日，煮滚水，放天井空处。冷透收存，待夏月制酱及造酱油用。此为腊水，最益人。不生蛆虫，且经久不坏。

腐　竹

竹篾按一尺许长，削如线香样，要极光滑。以新揭豆腐皮铺平，再以竹篾匀排于上，卷作小卷，抽去竹篾，挂于绳上晾之。每张照作，晾干收之，经久不坏，可以随时取食，各菜可酌加。

辣椒酱

辣椒，秋后拣红者悬之使干。其微红、半黄及绿者，磨作酱，甚佳。辣椒七斤、胡莱菔三斤，均切碎。炒过盐十二两，水若干，搅匀令稀稠相得。以磨豆腐拐磨磨之，收贮瓷瓶，久藏不坏。吃粥下饭，胜肥脓数倍也。

甜酱炒鹿角菜

鹿角菜，浸软，洗净，切碎。先以甜面酱于香油中炒过，再以鹿角菜加入同炒，再加水令稀稠相得。香油须多加，或不用水，止多加香油炒之，尤佳。

素火腿

九、十月间，收绝大倭瓜，须极老经霜者摘下。就蒂开一孔，去瓤及子。以除年好酱油灌入，令满。仍将原蒂盖上，封好，平放，以草绳悬户檐下。次年四、五月取出，蒸熟，切片食，甘美无似，并益人。此王孟英先生法[①]。

【注释】

①王孟英：名士雄，浙江海宁人。清代中医温病学家，其子王聚奎曾在太医院任御医。有食疗著作《随息居饮食谱》。

摩姑蕈

摩姑之味在汤[①]。或弃去汤，太无知。宜以滚水淬之，俟其味入水中，将水漉出淀之，俟泥沙下沉，再漉去泥沙作汤，则素蔬中之高汤也。用此汤焬冬笋、豆腐、茭白及各菜[②]，隽永无似。仍用以煨摩姑，尤佳。摩姑已经淬过，可用温水涤去泥沙，剔去粗根，仍以原淬之水加高汤煨之。此物非漫火久煨，不能肥厚腴美。否则味虽不差，与生啖无异也。

【注释】

①摩姑：即“蘑菇”。下同。

②焊（xún）：本义指用开水烫后去毛，此指用开水烫。

羊肚菌

以水淬之，俟软漉出，将水留作汤用。再以水洗去泥沙，以高汤同原淬之水漫之，烧有清味。此菌纹如羊肚，故名。

东　菌[1]

此菌颇肥大，以滚水淬之，去净泥沙及粗硬者。煎白菜、煎豆腐，均佳。

【注释】

①东菌：即平菇。

香　姑[1]

形圆，大小约一寸许，约一分厚，黑润与东菌异。以滚水淬之，摘去其柄，与白菜、玉兰片、豆腐同煨，均清永。或以香油将白菜炸过，再以酱油将白菜焖之，再以香姑铺碗底以白菜实之，漫火蒸烂，尤腴美。

【注释】

①香姑：即“香菇”。

兰花摩姑[1]

以滚水淬之，加高汤煨豆腐，殊为鲜美。

【注释】

①兰花摩姑：即草菇，被烘干后带有浓郁芳香，故又叫兰花菇。

鸡腿摩姑

以滚水淬之，洗去泥沙及粗硬者，与白菜或豆腐同煨，殊有清致。

虎蹄菌

形圆，大者如卵，小者如栗。以温熟水浸软，洗去泥沙，切大片，以高汤煨之。亦脆亦腴，清芬可挹。

白木耳

以凉水浸软，拣去粗根，洗净，以高汤煨之。或以豆腐垫底[1]，加白木耳于上，添高汤蒸之，亦有清致。或以糖煨之，亦佳。

【注释】

①垫（diàn）：支物不平。

桂花木耳[1]

凉水浸软，以小翦翦去硬根[2]，以高汤煨之。或以糖煨之，亦佳。

【注释】

①桂花木耳：桂树上所生的木耳。

②翦：即“剪”。

树花菜

生终南山龙柏树上，似木耳而色淡碧，形甚类剪春罗花，气香味辛。得未曾有，陕西干果铺有卖者，名曰“石花菜”。以滚水浸软，剪去粗根，加香油、酱油、醋食之，辛香可口。或以高汤煨之，尤清隽也。

葛仙米

取细如小米粒者，以水发开，沥去水，以高汤煨之，甚清腴。余每以小豆腐丁加入，以柔配柔，以黑间白。既可口，亦美观也。

【注释】

①葛仙米：也叫地耳、地木耳，藻类植物。

竹　松

或作竹荪，出四川。滚水淬过，酌加盐、料酒，以高汤煨之。清脆腴美，得未曾有。或与嫩豆腐、玉兰片、色白之菜同煨尚可，不宜夹杂别物，并搭饋也[1]。

【注释】

①饋（qiǎn）：即“芡”。

商山芝

即蕨菜，初生名小儿拳。以滚水浸软，去根叶及粗梗。择取极嫩者，以高汤煨之，气香而味别，野蔌佳品也[1]。

【注释】

①蔌：菜肴。

笋衣

出四川。滚水淬过，将水澄出，留作汤用。或切片切丝，仍以原淬水同高汤煨之，颇有清味。或加高汤，同豆腐、腐皮、玉兰片同煨，亦佳。

菘

菘，白菜也，是为诸蔬之冠，非一切菜所能比。以洗净生菜，酌加盐、酒闷烂，最为隽永。或拣嫩菜心横切之，整放盘中，以香油、酱、醋烧滚，淬二、三次，名“瓦口白菜”，特为清脆。或洗净晾干水气，油锅灼过，加料酒、酱油煨之，甚为腴腴。或取嫩菜切片，以猛火油灼之，加醋、酱油起锅，名醋熘白菜。或微搭艢，名“金边白菜”。西安厨人作法最妙，京师厨人不及也。白菜汤虽不能作各菜之汤，总以白水漫火煮为第一法。大凡一切菜蔬，或炒或煮，用生者其味乃全，瀹过则味减矣，不可不知。

山东白菜

白菜切长方块，以香油炒过，加酱油、陈醋焖烂，不加水，浓厚爽口，热冷食皆佳。济南饭馆此菜甚得法，故名。

烧钮子莱菔

此莱菔来自甘肃，如龙眼核大，甚匀圆，用囫囵个，以前法作之，尤脆美。

菜　花

菜花，京师菜肆有卖者。众蕊攒簇如球，有大有小，名曰菜花。或炒，或煿，或搭炒，无不脆美，蔬中之上品也。

苔子菜

即嫩芜菁苗，以油炒过，加高汤、盐、料酒煨之，甚清永。

芹 黄

芹黄以秦中为佳，他处不及也。切段，以香油同豆腐干丝炒之，甚佳，止炒芹黄亦住。或切段以水瀹之，盐、醋、香油拌食，光为清脆。

苋 菜

有红、绿二种。摘取嫩尖，以香油炒过，加高汤煨之。

荠 菜

荠菜为野蔌上品，煮粥作斋，特为清永。以油炒之，颇清腴，再加水煨尤佳。荠菜以开红花叶深绿者为真。其与芥荣相似，叶微白，开白花者为白荠，不中食也。

雪里蕻炒百合

咸雪里蕻，切极小丁，以香油炒之，再入择净百合同炒，略加水，俟其软美可食，即起锅。此菜用盐，不用酱油。

菠　菜

入水内加盐、醋焖烂，菜甚软美。汤下饭尤佳也。或瀹过加浸软豆腐皮，以芝麻酱、盐、醋同拌，尤爽口。

茼　蒿

以水瀹过，香油、盐、醋拌食，甚佳。以香油炒食，亦鲜美。

榆　荚

嫩榆线，拣去葩蒂，以酱油、料酒焐汤，颇有清味。有和面蒸作糕饵或麦饭者，亦佳。秦人以菜蔬和干面加油、盐拌匀蒸食，名曰麦饭。香油须多加，不然，不腴美也。麦饭以朱藤花、楮穗、邪蒿、因陈、茼蒿、嫩苜蓿、嫩香苜蓿为最上，余可作麦饭者亦多，均不及此数种也。

银条菜

其状细长而白，与草石蚕一类。入滚水微瀹，加香油、盐、醋食之，甚清脆。以酱油、醋烹之，亦可。不宜煨烂，烂则风味减矣。其老者高汤煨烂，亦颇软美。草石蚕，一名滴露子，作法仿此。

石　芥

出终南山，以寻常作齑法为之，甚酸甚辛。以香油、盐拌食，其爽口醒脾，一切辛酸之菜，俱出其下。

龙头菜

此益母草嫩苗，京师天坛内甚多。以香油、酱油、料酒炒之，甚清脆也。

蒌　蒿

生水边，其根春日可食。以酱油、醋炒之，清脆而香，殊有山家风味也。

洋生姜

形颇似姜，殊无姜味。香油炒食，亦颇脆美。整个盐腌，随时切食，佐饭亦佳。

丝　瓜

嫩者切片，以香油、酱油炒食。或以水瀹过，香食、醋拌食，均佳。同冬菜、春菜焆汤浇饭，为尤佳也。

南　瓜

微似倭瓜而色白，无磊砢[①]。京师名曰南瓜，陕西名曰损瓜。京师形圆，陕西形稍长。此瓜多不喜食。然切为细丝以香油、酱油、糖、醋烹之，殊为可口。其老者去皮切块，油炒过，酱油煨熟亦甚佳也。

【注释】

①磊砢：形容植物多节。

拔丝山药

去皮，切拐刀块，以油灼之，加入调好冰糖起锅，即有长丝。但以白糖炒之，则无丝也。京师庖人喜为之。

山芋圆

山芋去皮蒸熟，以木杵臼捣之，愈捣愈粘。捣成，加盐及姜米丸之，檏以粉面，以猛火溜炸之，搭芡起锅。或不搭芡即可。

红　薯

京师名曰白薯，即蕃薯。去皮切片，以醋馏法炒之，甚脆美也。京师素筵，每以白薯切片，或切丝入溜锅炸透，加白糖收之，甚甘而脆。

慈　姑

味涩而燥，以木炭灰水煮熟，漂以清水则软美可食。

茭　白

菰俗名茭白。切拐刀块，以开水瀹过，加酱油、醋费，殊有水乡风味。切拐刀块，以高汤加盐、料酒煨之，亦清腴。切芡刀块，以油灼之，搭芡起锅，亦脆美。

烧冬笋

冬笋唯以本汤煨之，最为清永。次则切拐刀块，以油灼之，搭芡起锅，为脆美也。余作法甚多，大概与他物配搭，不赘述。

小豆腐

毛豆角，去荚取豆，捣碎，以高汤煨熟，微搭芡起锅，甚鲜嫩。

嫩黄豆

从荚中取出豆，以高汤与豆腐丁同煨。或与发开葛仙米同煨。或单煨黄豆，均软美。

掐　菜

绿豆芽，拣去根须及豆，名曰掐菜。此菜虽嫩脆，然火候愈久愈佳。不唯掐菜松脆，菜汤亦大佳。

炒鲜蚕豆

鲜蚕豆，去荚，更剥去内皮，以香油炒熟，微搭芡起锅，甚鲜美。

白扁豆䵒[1]

白扁豆，浸软，去皮，煮熟，研碎，入香油炒透，以白糖加水收之，甘美腴厚。

【注释】

①䵒（ní）：本义指带骨的肉酱。

洋薏米

洋薏米亦似中国之薏米，唯颗粒小耳。然其腴嫩，非中国薏米可及也。浸软煮熟，再加糖煨之，甘腴无伦。

豇　豆

秦中豇豆有二种。一曰铁杆豇豆，宜瀹熟，以酱油、醋、芝麻酱拌费，甚脆美，一曰面豇豆，稍肥大，以香油、酱油焖热，味甚厚，以其面气大也。

刀豆、洋刀豆、扁豆

刀豆，一名四季豆。摘嫩荚，去其两边之硬丝，切段，以酱油炒熟。或以水瀹，加酱油食、香油焖熟食均佳。若与豆腐烩汤亦美。洋刀豆、扁豆照作。

嫩豌豆

去荚，以冬菜，或春菜，或豆腐丁同焊，均佳。稍老则以盐、姜米加水煨熟，尤腴美。

百　合

去皮尖及根，置盘中，加白糖蒸熟，甚甘腴。不宜煮，煮则味薄，粉气全无矣。秦中百合甚佳，京师百合味苦，不中食。

藕　圆

藕煮熟切碎，与煮熟糯米同捣黏，作成丸子，以油炸过，加糖水煨之，略搭饐起锅，颇甘腴。荸荠亦可照作，唯用粉不用糯米耳。

煮莲子

莲子以开水浸软，去皮心。再以开水煮烂，加冰糖或白糖食之，加糖渍黄木少许，尤清芬扑鼻也。莲子始终不敢见生水，见生水则还元，生硬不能食矣。

银　杏

俗名白果。敲去外皮，煮五成熟，去内皮，换水熟。或甜食，或咸食，均腴而腻，不甜俗也。

金玉羹

山药栗子同煨，取其黄白相配，名曰金玉羹。加糖食，亦甘亦腴。见《山家清供》，以其为古法也，存之。

煮落花生

落花生，入水煮半熟，去内皮，倾去原煮之水，换水煨极烂，加糖并微搭芡食，味绝似鲜莲子，甚清永也。法舟上人遗法。

枣　饔

大枣煮熟，去皮核，搓碎，装入碗内。实以澄沙，或扁豆，或薏米，或去皮核桃仁，加糖蒸透，翻碗，枣上再覆以糖，甚为甘美。视山药饔又别一风味也。此亦法舟上人造法。

罗汉菜

菜蔬瓜蓏之类[①]，与豆腐、豆腐皮、面筋、粉条等，俱以香油炸过，加汤一锅同焖。甚有山家风味。太乙诸寺[②]，恒用此法。鲜于枢有句云[③]："童炒罗汉菜"，其名盖已古矣。

【注释】

①蓏（luǒ）：草本植物的果实。

②太乙诸寺：指太白山上的寺院。太乙，山名，在陕西郿县南，又叫太白山。

③鲜于枢：元代书法家、诗人。

菜　饔

菜之新摘者，不拘菘、芹、芥、苋、菠薐之类，洗净，切碎，同煨极烂，风味绝佳。此曾文正公遗法也[①]。

【注释】

①曾文正：曾国藩，谥文正。

豆　腐

豆腐作法不一，多系与他味配搭，不赘也。兹略举数法。一切大块入油锅炸透，加高汤煨之，名炸煮豆腐。一不切块，入油锅炒之，以铁勺搅碎，搭芡起锅，名碎溜豆腐。一切大块，以芝麻酱厚涂蒸过，再以高汤煨之，名麻裹豆腐。一切四方片，入油锅炸透，加酱油烹之，名虎皮豆腐。一切四方片，入油锅炸透，搭芡起锅，名熊掌豆腐。均腴美。至于切片以摩姑或冬菜或春菜同煨，则又清而永矣。

酸辣豆腐丁

豆腐切丁，以油炸过，再以酱油、醋、辣面烹之，殊为爽口。余所嗜食者也。

玉琢羹

豆腐切碎，酌加豆粉，以水和匀如稀粥状。以油炒之，开即起锅，用勺不用箸。或以煮熟山药代豆腐，亦佳。此亦法舟上人遗法。

罗汉豆腐

豆腐切小丁，与松仁、瓜仁、蘑菇、豆豉屑酌加盐拌匀。取粗瓷黄酒杯，装满各杯。先以香油入腐熬熟，再以装好豆腐覆于锅上，加高汤、料酒、酱油煨之。汤须与各杯底平，时以勺按杯上，使其贴实，俟汤将干，起锅去杯。此天津素饭馆作法，颇佳。

蘑菇煨腐皮

以作成腐竹，用开水浸软，切段，与蘑菇同煨，风味甚佳。或以腐皮与笋尖、笋片同煨，亦清永。

雪花豆腐

即磨成未点之豆腐，以切碎笋丁或小芥菜丁同入锅炒之，酌加盐，不用酱油。殊有田家风味。

罗汉面筋

生面筋，擘块，入油锅发开，再以高汤煨之，须微搭芡。京师素饭馆《六味斋》作法甚佳。

麻豆腐

麻豆腐，乃粉房所撇之油粉，非豆腐也。以香油炸透，以切碎核桃仁、杏仁、酱瓜、笋丁及松子仁、瓜子仁，加盐搅匀煨之，味颇鲜美。

麻　粉

玉米去皮，煮熟晒干，入油锅以先文后武火火炸之，可发开如龙眼核大，搭芡起锅。食者或不识其为何物也。

削　面

面和硬，须多揉，愈揉愈佳，作长块置掌中，以快刀削细长薄片；入滚水煮出，用汤或卤浇食，甚有别趣。平遥、介休等处，作法甚佳。

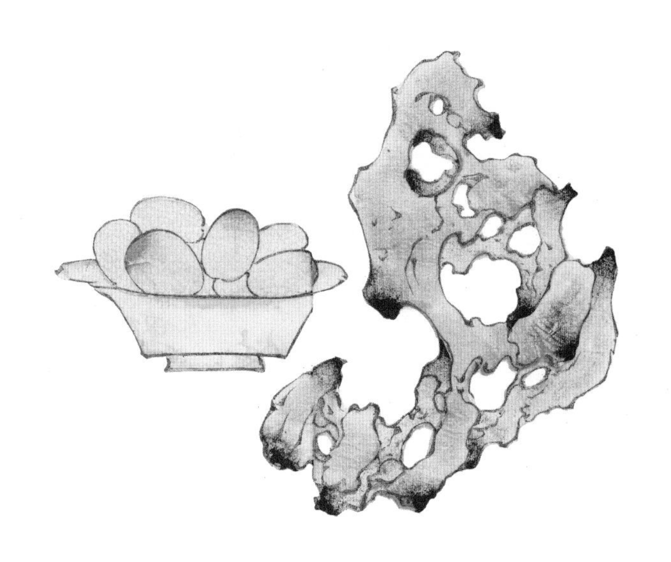

金橘
《十竹斋书画谱》

橘子
《十竹斋书画谱》

柿子
《十竹斋书画谱》

桃子
《十竹斋书画谱》

冬笋汤

冬笋食法见前，汤为素蔬中最鲜之汤。唯以蚕豆、黄豆芽等汤加入，方鲜而不薄也。

蘑菇汤

蘑菇见前，其汤为素菜高汤，用处最多，然非加以蚕豆、黄豆等汤，则味单也。

天目笋汤

每篓约一斤有余，味咸，色微青。每用两许，多用亦可。以开水浸之，其浸软之笋，拣去老不食者去之。余则或划丝，或切片，或与豆腐干、豆腐皮同煨，或与别菜同煨，均佳。浸笋之水，则素蔬中之好汤，不可弃也。

豌豆苗汤

以豆苗与春菜或冬菜同焐汤，甚佳。单用嫩豆苗汤，亦殊鲜美也。

晚清西餐的烹饪秘籍:《造洋饭书》

《造洋饭书》的编者是1852年来华的美国南浸信传道会教士高第丕（Tarlton Perry Crawford，1821—1902）的夫人（Martha Foster Craw-ford），高夫人于1866年编写此书，由美华书馆出版，此后多次再版。《造洋饭书》可以说是中国最早的西餐食谱，作者的目的是教中国厨师做出适合外国人口味与习惯的菜肴，因此措辞都尽量"中国化"，书中使用的也是中式计量单位。

《造洋饭书》介绍了近三百种西式菜肴、面点的制作方法，把日常西式菜肴、面点分为汤、肉食、面点等十七类，其中甜品占较大比重，说明当时甜品比其他西式食物更受欢迎。值得注意的是，该书在开篇强调了厨房卫生的重要性，并提出具体要求，包括厨房卫生、垃圾分类、厨余垃圾的处理，这些理念在今天仍是"新时尚"。

厨房条例（节选）

所有蛋皮、菜根、菜皮等类，不准丢在院内，必须放在筐里，每日倒在大门外僻静地方，免得家里的人受病。

汤

鸡汤　用肥嫩鸡，照鸡大小，用水五六斤，又用半杯大米，一中匙白糖、盐、胡椒照各人口味加。煮一个时辰，加切好了的地蛋[①]，煮熟后，将鸡拿出，放在盘内，用煮熟的鸡蛋三四个，割作数片，放在鸡上，鸡汤放在汤碗，热吃。

【注释】

①地蛋：马铃薯，即土豆。

鱼

熏鱼　熏架上擦奶油，把鱼里面放在架上，熏好后，反鱼皮再熏，不用急火，用慢火熏。

煮肉法

牛肉排 照煎样片、打，熏十分时候，取出来，切成小长块，用盐猪肉三四块，熏一熏。先用三分厚的面饼铺在深盆内，后拿牛肉猪肉放在盆内，加奶油、盐、胡椒或酒，或番柿酱，烧热水，略比肉浅一点，撒一些干面在内，用一片面饼盖之，盖上开一个口，烘。羊肉排，亦照这样做法。

烘小猪 用七八斤的小猪（约生五个礼拜），内外洗净，预备馒头屑、盐、猪肉切碎，加香菜、胡椒、盐、牛奶半杯、鸡蛋一个，调和放在肚内，缝好了，剁去四蹄，四腿贴身绑好，放在器内，加水不足一斤，烘之。烘时，拿盐水常浇擦，若肉上起泡，因火太猛，必要慢火，烘三点钟，烘好了，擦奶油。

熏火腿 切成薄片，放在架上快熏，熏好了，擦上奶油、胡椒末，另煎几个鸡蛋，一个煎鸡蛋上放一片火腿。

噶喇[①] 作噶喇，不论什么肉均可，用鸡肉的多。把鸡切开，煮熟后，将鸡放在鏊盆，加些原汤，奶油，再滚。先预备一中匙噶喇粉，半茶杯饭，一大匙面，一大匙奶油，一茶杯原汤，半小匙盐，调和，浇在鸡上，再烧十分时候，吃时，另外预备饭，用这个鸡浇饭吃。

【注释】

①噶喇：即咖喱。

蛋

五十八　鸡蛋饺　鸡蛋六个，奶皮半茶杯，火腿屑二大匙。将鸡蛋打好，慢慢加奶皮、火腿屑、胡椒盐，照个人口味，鏊盆加油煎之。煎黄叠成饺，一好就吃。有人加馒头屑、奶油，不用火腿屑。

菜

七十三　各样瓜（南瓜北瓜玉瓜冬瓜等类）嫩时作法，若小瓜可整煮，大瓜切开去子，煮熟后漏去水（这个水好作引子打碎），用奶油、胡椒盐吃。另有切成片，煮熟，等冷时，煎之吃。

七十九　包米[①]　放在滚水里煮；另一法，先用豆煮半点钟（用开水加盐煮），加包米，再煮半点钟（二分包米一分豆），将好时，加千面调之，再加奶油、胡椒、盐，吃。

【注释】

①包米：英语为 succotash，玉米。

酸　果

八十六　酸辣椒　用青辣椒一百个，一斤半盐，滚水浇之，浸两天，取出来，用小叉叉破，流净了水，揩干，装玻璃瓶内，加丁香一两，白矾一点，用醋灌满瓶，封口。

糖　食

西瓜皮　削去外皮，切成花样，一层瓜皮，一层盐，放在器内，加满了水，等七八日，取出来洗；器底连周围铺菜篥[1]，加一些白矾，把瓜皮放上，加冷水，与瓜皮取平，上盖青菜篥，慢火煮，煮到嫩时，取出来，照煮花红苹果的样，预备作料加上，将瓜皮煮熟。煮时拿出来，晒二次，不要瓜皮煮烂。

【注释】

①篥：书、画、纸等的张、页。后作“葉（叶）”。

苹果马马来[1]　将苹果花红去皮核，切为小块。苹果一斤，加糖一斤，先把糖入罐（糖一斤加冷水一杯五斤糖用蛋白一个），煮时，常去浮沫，煮到无沫发清，下上苹果，再加橙汁两个，烧滚搅和到熟，装玻璃瓶，冷后封口。樱桃李杏梨均可照这样作法。

【注释】

①苹果马马来：苹果酱。马马来，即英语 marmalade。

碎縠冻[1]　把一杯碎縠洗二次，浸于三杯水内，一点钟时，加一点盐，一根桂皮。煮时常搅和，调的时候，加酒、糖，照口味，再烧一烧，放于玻璃杯内冷吃。

【注释】

①碎毂（gòu）：西谷米，英语 sago。由某种棕榈的木髓制成的白色淀粉粒。

排

小儿排[1]　用一个深盆，将苹果或花红去皮核，切成四块，堆于盆内，加一杯糖浆，三大匙糖，撒上干面，再用面皮盖之。烘一点半钟。

【注释】

①排：即“派”，馅饼，英语 pie。

苹果红花排　把排盆四周连底，铺上面皮，把苹果花红去皮核，装盆内，加一些橘皮，用面皮盖之，烘熟。把盖揭起来，加糖，肉蔻、奶油一些，再盖严，热吃。另一法，先把苹果花红煮熟作好，加香料、糖、奶油，然后烘。其余，照以上作法。

面　皮

作面皮法[1]　一斤半白面，半斤奶油（猪油亦可），把一半奶油调在面内（或用手拌或用匙拌皆可），加冷水一杯，调起面来，用赶杖向外赶薄[②]。不要向里赶。余外一半奶油，擦于面上，随擦，随扦，赶到奶油用完。

【注释】

①面皮：英语为 pastry for pies，即做派的面皮。

②赶杖：即擀面杖。

朴　定[①]

雪球　拿一小方布，浸于水内，取出铺好，把洗净的糯米，铺约五分厚，加水果包起来，煮（像中国粽子）。

【注释】

①朴定：布丁，即英语 pudding。

朴兰（番话迦兰）朴定[①]　一斤番葡萄干（拣净），一斤葡萄干，切开去子，四两西顿糖，切开加白面、捻碎，加一斤馒头屑，半斤生牛油（切碎），一小匙盐，一大杯白糖，一杯牛奶，半杯凶酒[②]，玉果、桂皮、丁香、照口味拌和后，加鸡蛋八个（打好的）调和起来，用布包之，煮六七点钟，吃时用奶油、糖、酒做小汤同吃。若要烘这个朴定，多加些牛奶。

【注释】

①朴兰朴定：干葡萄布丁，英语 plum pudding。

②凶酒：烈酒。

甜汤

甜小汤[1] 六大匙白糖，四大匙奶油，调和，加二大匙葡萄酒，香料、香水照口味。要用时，加十大匙开水。此汤不论合什么朴定，可以同吃。

【注释】

①甜小汤：英语为 sauce pudding，布丁沙司。

杂类

阿末来苏弗来[1] 八个鸡蛋，分开蛋黄、蛋白，二人打好。黄内加白糖末，成甜；加一些香水，把蛋白拌和，倒于洋铁圆盆内，入炉烘。看见发起来，用大匙堆成塔样，一共约烘四五分时候，就吃。

【注释】

①阿末来苏弗来：蛋奶酥，又名舒芙蕾，法语 omelette Soufflé 。

雪裹白[1] 一个橙汁连铇好了的皮，四杯白酒，四两白糖，拌匀。等三点钟，加两杯奶皮，两个打好的鸡蛋白，调和成像（蛋白沫）。

【注释】

①雪裹白：即雪里白，乳酒冻（用奶油加糖、葡萄酒、果汁等拌制），英语 syllabub。

馒头类（附饼）

法国小馒头　一斤温和牛奶，一小匙盐，一大杯酵，加面做成厚粥，等发酵，再加一个打好鸡蛋，二大匙奶油，加面揉好，等再发酵，用赶杖赶薄，切成条辫好烘。

撒拉冷[①]　半杯奶油，合二杯牛奶烧热，七杯重罗白面，一小匙盐，三个打好的鸡蛋，四大匙酵，拌和放于洋铁器内，等发酵后入炉烘。

【注释】

①撒拉冷：sally lunn，萨莉伦饼（一种作茶点用的小甜饼，通常热吃）。

糕　类

托纳炽[①]　十二两奶油，一斤十二两糖，照口味，加面调像馒头面厚，放于热处。发酵后，赶半寸厚，切为棋子块，用滚油炸。

【注释】

①托纳炽：doughnut，甜甜圈。

味乏[1] 奶皮二两，白面半斤，糖半斤，香水一点，若是太厚，再加一点奶，用做味乏器，擦一点奶油，烤热，烘之。烘好，乘热卷起来，撒一点糖。

【注释】

①味乏：wafers，威化饼干。

《红楼梦》美食：炊金馔玉

红楼珍馐：三世长者知服食

《红楼梦》并非美食专著，但作者曹雪芹在书中花了大量篇幅描写书中人物的日常美食和宴饮活动。据统计，《红楼梦》中有名目的美食有近两百种，而且基本不重样，概分其类，有面点、饭粥、佳肴、饮品、补药等，菜品既有江南风味，也有北方特色。贾府所用食材来自全国各地，不仅能同享皇室的美食、食材，还能时常得到番邦外国的贡品。

魏文帝曹丕说："一世长者知居处，三世长者知服食。"就是说三代为官才懂得穿衣吃饭。《红楼梦》中的贾府祖上被封国公，到贾宝玉的"玉"字辈是第四代，服食极为讲究。红楼美食注重精细，食材、烹饪方法、荤素搭配、饮品的选用都极为考究，充分展示了"钟鸣鼎食之家"的贾府"食不厌精、脍不厌细"的生活风貌。末代皇帝溥仪说："《红楼梦》里的排场犹如宫里的排场的缩影。"书中贾府日常吃饭、宴会都在无形之中体现了诗礼簪缨之族讲"礼"的一面。

幻境仙品：此味只应天上有

在中国的神话传说中，神仙都是不食人间烟火的。在《红楼梦》的神话世界中，林黛玉是西方灵河岸上三生石畔绛珠草转世，赤瑕宫神瑛侍者以甘露灌溉，绛珠草化成人形，修成女体。绛珠草吃的是蜜青果，喝的是灌愁海水。而神瑛侍者来到人间，在梦中神游太虚幻境，品尝到了仙女们的酒和茶。

蜜青果

只因西方灵河岸上三生石畔，有绛珠草一株，时有赤瑕宫神瑛侍者，日以甘露灌溉，这绛珠草始得久延岁月。后来既受天地精华，复得雨露滋养，遂得脱却草胎木质，得换人形，仅修成个女体，终日游于离恨天外，饥则食蜜青果为膳，渴则饮灌愁海水为汤。（第一回）

千红一窟

于是大家入座，小鬟捧上茶来，宝玉觉得香清味美，迥非常品，因又问何名。警幻道："此茶出在放春山遣香洞，又以仙花灵叶上所带的宿露烹了，名曰'千红一窟'。"（第五回）

万艳同杯

少刻，有小鬟来调桌安椅，摆设酒馔。正是：

琼浆满泛玻璃盏，玉液浓斟琥珀杯。

宝玉因此酒香冽异常，又不禁相问，警幻道："此酒乃以百花之蕤，万木之汁，加以麟髓凤乳酿成，因名为'万艳同杯'。"（第五回）

红楼面点：糕盘节物记京华

《红楼梦》中的各色精致面点最能体现贾府"食不厌精"的传统：包子是豆腐皮的，糕点馅儿料有枣泥、栗粉、藕粉，小饺子是螃蟹馅儿，还有鹅油卷、鸡油卷、饽饽等。虽然小说中没有介绍过做法，但是可以想象，这些面点做起来并不容易。总体来说，贾府面点偏南方风味。此外，贾府外来美食中，月饼是"内造"，挂面是"上用"，"糖蒸酥酪"是皇妃赏赐，但贾母把月饼赏给了吹笛的艺人，贾宝玉把糖蒸酥酪给了丫鬟，说明贾府中人对这类体现贾府社会地位的美食已经习以为常。

枣泥馅的山药糕

秦氏道："……昨日老太太赏的那枣泥馅的山药糕，我吃了两块，倒像克化的动的似的。"凤姐儿道："明日再给你送来。"（第十一回）

桂花糖蒸的新栗粉糕

袭人听说，便端过两个小掐丝盒子来。先揭开一个，里面装的是红菱和鸡头两样鲜果，又揭那一个，是一碟子桂花糖蒸的新栗粉糕。又说道："这都是今年咱们这里园子里新结的果子，宝二爷叫送来与姑娘尝尝。再前日姑娘说这玛瑙碟子好，姑娘就留下玩罢。"（第三十七回）

藕粉桂糖糕

一时只见丫头们来请用点心。贾母道："吃了两杯酒，倒也不饿了。也罢，就拿了这里来，大家随便吃些罢。"丫头们便去抬了两张高几来，又端了两个小捧盒来。揭开看时，每个盒内两样：这盒内是两样蒸食，一样是藕粉桂糖糕，一样是松瓤鹅油卷。那盒内是两样炸的，一样是只有一寸来大的小饺儿，贾母因问什么馅儿，婆子们忙回是螃蟹的。贾母听了，皱眉说："这会子油腻腻的，谁吃这个！"那一样是奶油炸的各色小面果子，也不喜欢。因让薛姨妈吃，薛姨妈只拣了一个卷儿，尝了一尝，剩的半个递与丫鬟了。

刘姥姥因见那小面果子都玲珑剔透，拣了一朵牡丹花样的笑道："我们那里最巧的姐儿们，也不能铰出这么个纸的来。我又爱吃，又舍不得吃，包些家去给他们做花样子去倒好。"（第四十一回）

如意糕

贾母笑道："一年价难为你们，不行礼罢。"一面说着，一面男一起，女一起，一起一起俱行过了礼。左右两旁设下交椅，然后又按长幼挨次归坐受礼。两府男妇、小厮、丫鬟亦按差役上、中、下行礼毕，散押岁钱、荷包、金银锞，摆上合欢宴来。男东女西归坐，献屠苏酒、合欢汤、吉祥果、如意糕毕，贾母起身进内间更衣，众人方各散出。（第五十三回）

内造瓜仁油松瓤月饼

贾母道："这还不大好，须得拣那曲谱越慢的吹来越好。"说着，便将自己吃的一个内造瓜仁油松瓤月饼，又命斟一大杯热酒，送给谱笛之人，慢慢的吃了，再细细的吹一套来。（第七十六回）

豆腐皮的包子

宝玉……又问晴雯道："今儿我那边吃早饭，有一碟子豆腐

皮的包子。我想着你爱吃，和珍大奶奶要了，只说我晚上吃，叫人送来的。你可见了没有？”（第八回）

上用银丝挂面

当下又值宝玉生日已到，……王子腾那边，仍是一套衣服，一双鞋袜，一百寿桃，一百束上用银丝挂面。（第六十二回）

糖蒸酥酪

宝玉……才要去时，忽又有贾妃赐出糖蒸酥酪来。宝玉想上次袭人喜吃此物，便命留与袭人了。

李嬷嬷又问道：“这盖碗里是酥酪，怎么不送给我吃？”说毕，拿匙就吃。……一面说，一面赌气将酥酪吃尽。

宝玉命取酥酪来，丫鬟们回说：“李奶奶吃了。”宝玉才要说话，袭人便忙笑道：“原来是留的这个，多谢费心。前儿我吃的时候好吃，吃过了好肚子疼，疼得吐了才好。她吃了倒好，搁在这里倒白糟蹋了。我只想风干栗子吃，你替我剥栗子，我去铺床。”

宝玉听了信以为真，方把酥酪丢开，取栗子来，自向灯前检剥。（第十九回）

蒸的大芋头

李纨命人将那蒸的大芋头盛了一盘，又将朱橘、黄橙、橄

榄等盛了两盘，命人带与袭人去。（第五十回）

红楼饭粥：淡薄之中滋味长

普通人家中的主食原材料无外乎米、面，饭、粥在日常饮食中极为常见、重复率较高。而在《红楼梦》中，贾府粥品、米饭等名目繁多，极少雷同，粥有奶子糖粳粥、碧粳粥、腊八粥、鸭子肉粥、枣儿粳米粥、红稻米粥等；饭有绿畦香稻粳米饭、白粳米饭等；米还有御田胭脂米。清代著名美食家袁枚很重视饭、粥，认为这才是根本，说“遇好饭不必用菜”。可见贾府在“吃”上确实懂行。

奶子糖粳粥

那凤姐必知今日人客不少，在家中歇宿一夜，至寅正，平儿便请起来梳洗。及收拾完备，更衣盥手，吃了两口奶子糖粳粥，漱口已毕，已是卯正二刻了。（第十四回）

腊八粥

宝玉又诌道：“林子洞里原来有群耗子精。那一年腊月初七日，老耗子升座议事，因说：‘明日乃是腊八，世上人都熬腊八粥，如今我们洞中果品短少，须得趁此打劫些来方妙。’乃拔令箭一枝，遣一能干的小耗子前去打听。一时小耗回报：‘各处察访打听已毕，唯有山下庙里果米最多。’老耗问：‘米有几样？果有几品？’小耗道：‘米豆成仓，不可胜记。果品有五种：一红枣，二栗子，三落花生，四菱角，五香芋。’”（第十九回）

御田粳米

平儿一一的拿与他瞧着，又说道：“……这是一盒子各样的内造点心，也有你吃过的，也有没吃过的，拿去摆碟子请客，比你们买的强些。这两条口袋是你昨日装瓜果子来的，如今这一个里头装了两斗御田粳米，熬粥是难得的；这一条里头是园子里果子和各样干果子。”

平儿笑道：“到年下，你只把你们晒的那个灰条菜干子和豇豆、扁豆、茄子、葫芦条儿各样干菜带些来，我们这里上上下下都爱吃。”（第四十二回）

鸭子肉粥

又上汤时，贾母说道：“夜长，觉得有些饿了。”凤姐儿忙回说：“有预备的鸭子肉粥。”贾母道：“我吃些清淡的罢。”凤姐儿忙道：“也有枣儿熬的粳米粥，预备太太们吃斋的。”贾母笑道：“不是油腻腻的，就是甜的。”凤姐儿又忙道：“还有杏仁茶，只怕也甜。”贾母道：“倒是这个还罢了。”说着，又命人撤去残席，外面另设上各种精致小菜。大家随便随意吃了些，用过漱口茶，

方散。（第五十四回）

红稻米粥

贾母因问："有稀饭吃些罢了。"尤氏早捧过一碗来，说是红稻米粥。贾母接来吃了半碗，便吩咐："将这粥送给凤哥儿吃去。"又指着："这一碗笋和这一盘风腌果子狸给颦儿、宝玉两个吃去，那一碗肉给兰小子吃去。"

贾母负手看着取乐。因见伺候添饭的人手内捧着一碗下人的米饭，尤氏吃的仍是白粳米饭，贾母问道："你怎么昏了，盛这个饭来给你奶奶？"（第七十五回）

红楼佳肴：野蔬风味亦堪嘉

《红楼梦》主要写贾府日常生活，小说人物每天吃饭就是日常生活中很寻常但又很重要的一部分。贾府实行两餐制，每个人的菜品都有跟身份对应的分例。贾府菜品的食材有鸡、鸭、鹅等家禽，獐子、狍子、野鸡、鹿、果子狸等野味，海参、对虾、螃蟹等水产，普通家猪、暹猪、野猪等常用肉食，还有熊掌、羊羔等珍品，也有茄子、豆腐、倭瓜等寻常蔬食，笋、藕、荷叶、芦蒿、枸杞芽等精致蔬食。处理这些食材的方法主要有：蒸、炖、炒、炸、腌、糟等。贾府饮食讲究，一道吃不出茄子味的茄鲞，让乡下人刘姥姥咋舌，让无数学者津津乐道。此外，芳官吃饭和林黛玉吃饭，小细节中能看出原作者曹雪芹和续作者高鹗不同的风格。

庄头送年例

贾蓉……一面忙展开单子看时[①]，只见上面写着："大鹿三十只，獐子五十只，狍子五十只，暹猪二十个，汤猪二十个，龙猪二十个，野猪二十个，家腊猪二十个，野羊二十个，青羊二十个，家汤羊二十个，家风羊二十个，鲟鳇鱼二十个，各色杂鱼二百斤，活鸡、鸭、鹅各二百只，风鸡、鸭、鹅二百只，野鸡、兔子各二百对，熊掌二十对，鹿筋二十斤，海参五十斤，鹿舌五十条，牛舌五十条，蛏干二十斤，榛、松、桃、杏瓤各二口袋，大对虾五十对，干虾二百斤，银霜炭上等选用一千斤，中等二千斤，柴炭三万斤，御田胭脂米二石，碧糯五十斛，白糯五十斛，粉粳五十斛，杂色粱谷各五十斛，下用常米一千石，各色干菜一车，外卖粱谷、牲口各项折银二千五百两。外门下孝敬哥儿姐儿玩意：活鹿两对，活白兔四对，黑兔四对，活锦鸡两对，西洋鸭两对。"（第五十三回）

【注释】

①年底贾府门下黑山村庄头乌进孝送年例。

刘姥姥送瓜果、菜蔬

忽见上回来打抽丰的那刘姥姥和板儿又来了，坐在那边屋里，还有张材家的、周瑞家的陪着，又有两三个丫头在地下倒口袋里的枣子、倭瓜并些野菜。众人见她进来，都忙站起来了。刘姥姥因上次来过，知道平儿的身分，忙跳下地来问“姑娘好”，又说：“家里都问好。早要来请姑奶奶的安，看姑娘来的，因为庄稼忙，好容易今年多打了两石粮食，瓜果、菜蔬也丰盛。这是头一起摘下来的，并没敢卖呢，留的尖儿孝敬姑奶奶、姑娘们尝尝。姑娘们天天山珍海味的也吃腻了，这个吃个野意儿，也算是我们的穷心。”（第三十九回）

大观园厨房

王夫人笑道：“这也是好主意，刮风下雪倒便宜。吃些东西受了冷气也不好；空心走来，一肚子冷风，压上些东西也不好。不如后园门里头的五间大房子，横竖有女人们上夜的，挑两个厨子女人在那里，单给她姊妹们弄饭。新鲜菜蔬是有分例的，在总管房里支了去，或要钱，或要东西；那些野鸡、獐、狍各样野味，分些给她们就是了。”（第五十一回）

芳官吃饭：两菜一汤加点心

芳官道：“藕官蕊官都不上去，单我在那里也不好。我也不惯吃那个面条子，早起也没好生吃。才刚饿了，我已告诉了柳嫂子，先给我做一碗汤盛半碗粳米饭送来，我这里吃了就完事。若是晚上吃酒，不许教人管着我，我要尽力吃够了才罢。我先在家里，吃二三斤好惠泉酒呢。”

说着，只见柳家的果遣了人送了一个盒子来。小燕接着揭开，里面是一碗虾丸鸡皮汤，又是一碗酒酿清蒸鸭子，一碟腌的胭脂鹅脯，还有一碟四个奶油松瓤卷酥，并一大碗热腾腾碧荧荧蒸的绿畦香稻粳米饭。小燕放在案上，走去拿了小菜并碗箸过来，拨了一碗饭。芳官便说：“油腻腻的，谁吃这些东西。”只将汤泡饭吃了一碗，拣了两块腌鹅就不吃了。宝玉闻着，倒觉比往常之味有胜些似的，遂吃了一个卷酥，又命小燕也拨了半碗饭，泡汤一吃，十分香甜可口。小燕和芳官都笑了。（第六十二回）

林黛玉吃饭：一菜一汤一粥

紫鹃走来，看见这样光景，想着必是因刚才说起南边北边的话来，一时触着黛玉的心事了，便问道：“姑娘们来说了半天话，想来姑娘又劳了神了。刚才我叫雪雁告诉厨房里，给姑娘作了一碗火肉白菜汤，加了一点儿虾米儿，配了点青笋紫菜。姑娘想着好么？”黛玉道：“也罢了。”紫鹃道：“还熬了一点江米粥。”黛玉点点头儿，又说道：“那粥该你们两个自己熬了，不用他们厨房里熬才是。”紫鹃道：“我也怕厨房里弄得不干净，我们各自熬呢。就是那汤，我也告诉雪雁和柳嫂儿说了，要弄干净着。柳嫂儿说了，她打点妥当，拿到她屋里，叫他们五儿瞅着炖呢。”

这里雪雁将黛玉的碗箸安放在小几儿上，因问黛玉道：“还有咱们南来的五香大头菜，拌些麻油、醋可好么？”黛玉道：“也使得，只不必累赘了。”一面盛上粥来。黛玉吃了半碗，用羹匙舀了两口汤喝，就搁下了。（第八十七回）

糟鹅掌、鸭信

这里薛姨妈已摆了几样细巧茶果，留他们吃茶。宝玉因夸前日在那府里珍大嫂子的好鹅掌、鸭信。薛姨妈听了，忙也把自己糟的取了些来与他尝。宝玉笑道：“这个须得就酒才好。”（第八回）

火腿炖肘子

赵嬷嬷在脚踏上坐了，贾琏向桌上拣两盘肴馔与他，放在几上自吃。凤姐又道：“妈妈很嚼不动那个，没的倒硌了他的牙。”因问平儿道：“早起我说那一碗火腿炖肘子很烂，正好给妈妈吃，你怎么不拿了去赶着叫他们热来？”又道：“妈妈，你尝一尝你儿子带来的惠泉酒。”（第十六回）

灵柏香熏的暹猪

薛蟠道：“要不是我也不敢惊动，只因明儿五月初三日是我的生日，谁知古董行的程日兴，他不知哪里寻了来的这么粗、这么长粉脆的鲜藕，这么大的大西瓜，这么长一尾新鲜的鲟鱼，这么大的一个暹罗国进贡的灵柏香熏的暹猪。你说，他这四样礼可难得不难得？那鱼、猪不过贵而难得，这藕和瓜亏他怎么种出来的。”（第二十六回）

鸽子蛋

只见一个媳妇端了一个盒子站在当地，一个丫鬟上来揭去盒盖，里面盛着两碗菜。李纨端了一碗放在贾母桌上。凤姐儿偏拣了一碗鸽子蛋放在刘姥姥桌上。

刘姥姥拿起箸来，只觉不听使，又说道：“这里的鸡儿也俊，下的这蛋也小巧，怪俊的。我且肏攮一个。”

那刘姥姥正夸鸡蛋小巧，要肏攮一个，凤姐儿笑道：“一两银子一个呢，你快尝尝罢，那冷了就不好吃了。”（第四十回）

茄　鲞

薛姨妈又命凤姐布了菜。贾母笑道：“你把茄鲞搛些喂他[①]。”凤姐听说，依言搛些茄鲞送入刘姥姥口中，因笑道：“你们天天吃茄子，也尝尝我们的茄子弄得可口不可口。”刘姥姥笑道：“别哄我，茄子跑出这个味儿来了，我们也不用种粮食，只种茄子了。”众人笑道：“真是茄子，我们再不哄你。”刘姥姥诧异道：“真是茄子？我白吃了这半日。姑奶奶再喂我些，这一口细嚼嚼。”

凤姐果又搛了些放入口内。刘姥姥因细嚼了半日，笑道："虽有一点茄子香，只是还不像是茄子。告诉我是什么方法弄的，我也弄着吃去。"凤姐笑道："这也不难。你把才下来的茄子把皮刬了[2]，只要净肉，切成碎丁子，用鸡油炸了，再用鸡脯子肉并香菌、新笋、蘑菇、五香腐干、各色干果子，俱切成丁子，用鸡汤煨干，将香油一收，外加糟油一拌，盛在瓷罐子里封严，要吃时拿出来，用炒的鸡瓜一拌就是。"（第四十一回）

【注释】

①搛（jiān）：（用筷子）夹。

②刬（qiān）：切割，此指削皮。

炸鹌鹑

凤姐……因笑道："方才临来，舅母那边送了两笼子鹌鹑，我吩咐他们炸了，原要赶太太晚饭上送过来的。"

凤姐儿道："……你说给她们炸鹌鹑，再有什么配几样，预备吃饭。"（第四十六回）

牛乳蒸羊羔

好容易等摆上饭来，头一样菜便是牛乳蒸羊羔。贾母便说："这是我们有年纪的人的药，没见天日的东西，你们小孩子们吃不得。今儿另外有新鲜鹿肉，你们等着吃。"众人答应了。宝玉却等不得，只拿茶泡了一碗饭，就着野鸡瓜齑忙忙地咽完了。

贾母道:“我知道你们今儿又有事情,连饭也不顾吃了。”便叫“留着鹿肉,与他晚上吃”,凤姐忙说“还有呢”,方才罢了。史湘云便悄和宝玉计较道:“有新鲜鹿肉,不如咱们要一块,自己拿了园里弄着,又玩又吃。”宝玉听了,巴不得一声儿,便真和凤姐要了一块,命婆子送入园去。

只见老婆们拿了铁炉、铁叉、铁丝蒙来,李纨道:“仔细割了手,不许哭!”

平儿也是个好玩的,素日跟着凤姐儿无所不至,见如此有趣,乐得玩笑,因而褪去手上的镯子,三个围着火炉儿,便要先烧三块吃。

探春笑道:“你闻闻,香气这里都闻见了,我也吃去。”说着,也找了他们来。李纨也随来说:“客已齐了,你们还吃不够?”湘云一面吃,一面说道:“我吃这个方爱吃酒,吃了酒才有诗。若不是这鹿肉,今儿断不能作诗。”说着,只见宝琴披着凫靥裘站在那里笑。湘云笑道:“傻子,过来尝尝。”宝琴笑说:“怪脏的。”宝钗道:“你尝尝去,好吃的。你林姐姐弱,吃了不消化,不然他也爱吃。”宝琴听了,便过去吃了一块,果然好吃,便也吃起来。(第四十九回)

糟鹌鹑

贾母便饮了一口,问那个盘子里是什么东西。众人忙捧了过来,回说:“是糟鹌鹑。”贾母道:“这倒罢了,撕一点腿子来。”

李纨忙答应了，要水洗手，亲自来撕。（第五十回）

鸡髓笋

王夫人笑道：“不过都是家常东西。今日我吃斋，没有别的。那些面筋、豆腐，老太太又不大甚爱吃，只拣了一样椒油纯齑酱来。”贾母笑道：“这样正好，正想这个吃。”鸳鸯听说，便将碟子挪在跟前。宝琴一一的让了，方归坐。贾母便命探春来同吃。探春也都让过了，便和宝琴对面坐下。待书忙去取了碗来。鸳鸯又指那几样菜道：“这两样看不出是什么东西来，大老爷送来的。这一碗是鸡髓笋，是外头老爷送上来的。”一面说，一面就只将这碗笋送至桌上。贾母略尝了两点，便命：“将那两样着人送回去，就说我吃了。以后不必天天送，我想吃自然来要。”（第七十五回）

荔 枝

婆子方笑着回道：“我们姑娘叫给姑娘送了一瓶儿蜜饯荔枝来。”……说着，将一个瓶儿递给雪雁，又回头看看黛玉……那婆子笑嘻嘻地道：“我们那里忙呢，都张罗琴姑娘的事呢。姑娘还有两瓶荔枝，叫给宝二爷送去。”

一时，晚妆将卸，黛玉进了套间，猛抬头看见了荔枝瓶，不禁想起日间老婆子的一番混话，甚是刺心。（第八十二回）

酸笋鸡皮汤

幸而薛姨妈千哄万哄的，只容他吃了几杯，就忙收过了。做了酸笋鸡皮汤，宝玉痛喝了两碗，吃了半碗饭、碧粳粥。（第八回）

火腿鲜笋汤

说话之间，便将餐具打点现成。一时小丫头子捧了盒子进来站住。晴雯、麝月揭开看时，还是这四样小菜。晴雯笑道："已经好了，还不给两样清淡菜吃！这稀饭咸菜闹到多早晚？"一面摆好，一面又看那盒中，却有一碗火腿鲜笋汤，忙端了放在宝玉跟前。宝玉便就桌上喝了一口，说："好烫！"袭人笑道："菩萨！能几日不见荤，馋得这样起来！"一面说，一面忙端起，轻轻用口吹。（第五十八回）

香薷饮解暑汤

林黛玉一行哭着，一行听了这话说到自己心坎儿上来，可见宝玉连袭人不如，越发伤心大哭起来。心里一烦恼，方才吃的香薷饮解暑汤便承受不住，"哇"的一声都吐了出来。（第二十九回）

建莲红枣儿汤

小丫头便用小茶盘捧了一盖碗建莲红枣儿汤来，宝玉喝了两口。麝月又捧过一小碟法制紫姜来，宝玉噙了一块。（第五十二回）

玫瑰清露

袭人道:“老太太给的一碗汤，喝了两口，只嚷干渴，要吃酸梅汤。我想着酸梅是个收敛的东西，才刚捱了打，又不许叫喊，自然急得那热毒热血未免不存在心里，倘或吃下这个去激在心里，再弄出大病来，可怎么样呢。因此我劝了半天才没吃，只拿那糖腌的玫瑰卤子和了吃了半碗，又嫌吃絮了，不香甜。”王夫人道:“哎哟！你不该早来和我说。前儿有人送了几瓶子香露来，原要给他一点子的，我怕他胡糟蹋了，就没给。既是他嫌那些玫瑰膏子絮烦，把这个拿两瓶子去。一碗水里只用挑一茶匙子，就香得了不得呢。”说着就唤彩云来，“把前儿的那几瓶香露拿了来。”袭人道:“只拿两瓶来罢，多了也白糟蹋。等不够再要，再来取也是一样。”彩云听说，去了半日，果然拿了两瓶来，递与袭人。袭人看时，只见两个玻璃小瓶，都有三寸大小，上面螺丝银盖，鹅黄笺上写着“木樨清露”，那一个写着“玫瑰清露”。袭人笑道:“好金贵东西！这么个小瓶儿，能有多少？”王夫人道:“那是进上的，你没看见鹅黄笺子？你好生替他收着，

别糟蹋了。”（第三十四回）

正值柳家的带进她女儿来散闷，在那边犄角子上一带地方儿逛了一回，便回到厨房内，正吃茶歇脚儿。见芳官拿了一个五寸来高的小玻璃瓶来，迎亮照看，里面小半瓶胭脂一般的汁子，还道是宝玉吃的西洋葡萄酒。

现从井上取了凉水，和吃了一碗，心中一畅，头目清凉。剩的半盏，用纸覆着，放在桌上。（第六十回）

红楼补药：功著医经注大端

《红楼梦》包罗万象，书中除描写了大量各色美食外，还有很多补品药品、养生之道。林黛玉“从会吃饮食时便吃药”，一直吃“人参养荣丸”，薛宝钗要吃“冷香丸”，秦可卿有张太医开的“益气养荣补脾和肝汤”，贾瑞要喝“独参汤”……书中人物说起药物，基本都懂一点药理，尤其高寿的贾母，很注重养生。《红楼梦》中的补品主要有人参、燕窝，且使用率较高。

桂圆汤

彼时宝玉迷迷惑惑，若有所失。众人忙端上桂圆汤来，呷了两口，遂起身整衣。（第六回）

人参

百般请医疗治[①]，诸如肉桂、附子、鳖甲、麦冬、玉竹等药，吃了有几十斤下去，也不见个动静。

倏忽又腊尽春回，这病更又沉重。代儒也着了忙，各处请医疗治，皆不见效。因后来吃“独参汤”，代儒如何有这力量，只得往荣府来寻。王夫人命凤姐称二两给他……凤姐听了，也不遣人去寻，只得将些渣末泡须凑了几钱，命人送去。（第十二回）

【注释】

①王熙凤设相思局，贾瑞患病，其祖父贾代儒设法请医治疗。

话说王夫人见中秋已过，凤姐病已比先减了，虽未大愈，然亦可出入行走得了，仍命大夫每日诊脉服药，又开了丸药方子来，配调经养荣丸。因用上等人参二两，王夫人取时，翻寻了半日，只向小匣内寻了几枝簪挺粗细的。王夫人看了嫌不好，命再找去，又找了一大包须末出来。

因一面遣人去问凤姐有无，凤姐来说：“也只有些参膏。芦须虽有几枝，也不是上好的，每日还要煎药里用呢。”王夫人听了，只得向邢夫人那里问去。邢夫人说：“因上次没了，才往这里来寻，早已用完了。”王夫人没法，只得亲自过来请问贾母。

贾母忙命鸳鸯取出当日所余的来，竟还有一大包，皆有手指头粗细的，遂称了二两与王夫人。（第七十七回）

燕窝汤

尤氏说道："……我叫她兄弟到那边府里找宝玉去了[①]。我才看着她吃了半盏燕窝汤，我才过来了。"（第十回）

【注释】

①她：秦可卿。

燕窝粥

宝钗道："昨儿我看你那药方上，人参肉桂觉得太多了。虽说益气补神，也不宜太热。依我说，先以平肝健胃为要，肝火一平，不能克土，胃气无病，饮食就可以养人了。每日早起拿上等燕窝一两，冰糖五钱，用银铫子熬出粥来，若吃惯了，比药还强，最是滋阴补气的。"（第四十五回）

洁粉梅片雪花洋糖

就有蘅芜苑的一个婆子，也打着伞提着灯，送了一大包上等燕窝来，还有一包子洁粉梅片雪花洋糖。（第四十五回）

茯苓霜

柳家的因笑道："只怕里面传饭，再闲了出来瞧侄子罢。"她嫂子因向抽屉内取了一个纸包出来，拿在手内送了柳家的出来，至墙角边递与柳家的，又笑道："这是你哥哥昨儿在门上该班儿，谁知这五日一班，竟偏冷淡，一个外财没发。只有昨儿有粤东的官儿来拜，送了上头两小篓子茯苓霜。余外给了门上人一篓作门礼，你哥哥分了这些。这地方千年松柏最多，所以单取了茯苓的精液和了药，不知怎么弄出这怪俊的白霜儿来。说第一用人乳和着，每日早起吃一钟，最补人的；第二用牛奶子；万不得，滚白水也好。我们想着，正宜外甥女儿吃。"（第六十回）

益气养荣补脾和肝汤

人参二钱　白术二钱（土炒）　云苓三钱　熟地四钱

归身二钱（酒洗）　白芍二钱　川芎钱半　黄芪三钱

香附米二钱制　醋柴胡八分　怀山药二钱（炒）　真阿胶二钱（蛤粉炒）

延胡索（钱半酒炒）　炙甘草八分

引用建莲子七粒去心　红枣二枚（第十回）

锭子药

袭人又道："昨儿贵妃差了夏太监出来……还有端午儿的节礼也赏了。""……大奶奶、二奶奶她两个是每人两匹纱、两匹罗、两个香袋、两个锭子药。"（第二十八回）

香雪润津丹

宝玉见了她，就有些恋恋不舍的，悄悄地探头瞧瞧王夫人合着眼，便自己将身边荷包里带的香雪润津丹掏了出来，便向金钏儿口里一送。（第三十回）

山羊血黎洞丸

袭人……想起此言，不觉将素日想着后来争荣夸耀之心尽皆灰了，眼中不觉滴下泪来。宝玉见她哭了，也不觉心酸起来，因问道："你心里觉得怎么样？"袭人勉强笑道："好好的，觉怎么呢。"宝玉的意思即刻便要叫人烫黄酒要山羊血黎洞丸来。（第三十一回）

梅花点舌丹

鸳鸯指炕上一个包袱说道："……这盒子里是你要的面果子。这包儿里是你前儿说的药：梅花点舌丹也有，紫金锭也有，活络丹也有，催生保命丹也有，每一样是一张方子包着，总包在里头了。"（第四十二回）

红楼宴会：烹羊宰牛且为乐

吃喝玩乐是《红楼梦》中贾府众人的日常，在贾府名目繁多的各种宴会中有最集中的体现。《红楼梦》回目中，直接提到“宴”字的就有六回，前八十回中，各种大大小小的宴会描写有二十余次。既有元宵、端午、中秋等传统节日宴会，又有生日、升迁等喜庆宴会，还有游园、赏花、吃螃蟹等临时兴起的宴会。在宴会中，吃喝反而是其次，唱戏、行酒令、写诗、说书、讲笑话等丰富多彩的娱乐项目更能娱乐身心。本节选取小说中大观园螃蟹宴和宁府中秋宴等涉及具体吃食和酒令形式的情节，让读者通过小说了解清代上层社会饮宴文化。

大观园螃蟹宴

宝钗道：“这个我已经有个主意。我们当铺里有一个伙计，他家田里出的很好肥螃蟹，前儿送了几斤来。现在这里的人，从老太太起，连上园里的人，有多一半都是爱吃螃蟹的。前日姨娘还说要请老太太在园子里赏桂花、吃螃蟹，因为有事还没有请呢……我和我哥哥说，要几篓极肥极大的螃蟹来，再往铺子里取上几坛好酒来，再备上四五桌果碟，岂不又省事，又大家热闹了！”

凤姐吩咐：“螃蟹不可多拿来，仍旧放在蒸笼里，拿十个来，吃了再拿。”一面又要水洗了手，站在贾母跟前剥蟹肉，头次让薛姨妈。薛姨妈道：“我自己掰着吃香甜，不用人让。”凤姐便奉与贾母。二次的便与宝玉，又说："把酒烫得滚热的拿来。"又命小丫头们去取菊花叶儿、桂花蕊熏的绿豆面子来，预备洗手。

平儿早剔了一壳黄子送来，凤姐道："多倒些姜醋。"

琥珀笑道："鸳丫头要去了，平丫头还饶她？你们看看她，没有吃了两个螃蟹，倒喝了一碟子醋，她也算不会揽酸了。"平儿手里正掰了个满黄的螃蟹，听如此奚落她，便拿着螃蟹照着琥珀脸上抹来，口内笑骂"我把你这嚼舌根的小蹄子！"

贾母那边听见，一叠声问："见了什么这样乐？告诉我们也笑笑。"鸳鸯等忙高声笑回道："二奶奶来抢螃蟹吃，平儿恼了，抹了她主子一脸的螃蟹黄子。主子奴才打架呢。"贾母和王夫人等听了也笑起来。贾母笑道："你们看她可怜见的，把那小腿子、脐子给她点子吃也就完了。"鸳鸯等笑着答应了，高声又说道："这满桌子的腿子，二奶奶只管吃就是了。"凤姐洗了脸走来，又服侍贾母等吃了一会。黛玉独不敢多吃，只吃了一点儿夹子肉就下来了。

宝玉又看了一回黛玉钓鱼，一回又挤在宝钗旁边说笑两句，一回又看袭人等吃螃蟹，自己也陪她饮两口酒。袭人又剥一壳肉给他吃。黛玉放下钓竿，走至座间，拿起那乌银梅花自斟壶来，拣了一个小小的海棠冻石蕉叶杯。丫鬟看见，知她要饮酒，忙着走上来斟。黛玉道："你们只管吃去，让我自己斟才有趣儿。"说着便斟了半盏，看时，却是黄酒，因说道："我吃了一点子螃蟹，觉得心口微微的疼，须得热热的吃口烧酒。"宝玉忙道："有烧酒。"便命将那合欢花浸的酒烫一壶来。黛玉也只吃了一口，便放下了。宝钗也走过来，另拿了一只杯来，也饮了一口放下。

话说众人见平儿来了，都说："你们奶奶作什么呢，怎么不来了？"平儿笑道："她哪里得空儿来。因为说没有好生吃得，又不得来，所以叫我来问还有没有，叫我要几个拿了家去吃。"湘云道："有，多着呢。"忙命人拿盒子装了十个极大的。平儿道："多拿几个团脐的。"众人又拉平儿坐，平儿不肯。

那婆子一时拿了盒子回来说："二奶奶说，叫奶奶和姑娘们别笑话要嘴吃。这个盒子里是方才舅太太那里送来的菱粉糕和鸡油卷儿，给奶奶、姑娘们吃的。"

周瑞家的道："早起我就看见那螃蟹了，一斤只好称两三个。这么两三大篓，想是有七八十斤呢。若是上上下下只怕还不够。"平儿道："哪里够，不过都是有名儿的吃两个子。那些散众的，也有摸得着的，也有摸不着的。"刘姥姥道："这样螃蟹，今年就值五分一斤。十斤五钱，五五二两五，三五一十五，再搭上酒菜，一共倒有二十多两银子。阿弥陀佛！这一顿的钱够我们庄稼人过一年的了。"（第三十七回、三十八回）

宁府中秋家宴

果然贾珍煮了一口猪[1]，烧了一腔羊，余者桌菜及果品之类，不可胜记，就在会芳园丛绿堂中，屏开孔雀，褥设芙蓉，带领

妻子姬妾，先饭后酒，开怀赏月作乐。（第七十五回）

【注释】

①此时贾珍父亲贾敬刚去世不久，按礼制不能大宴，所以贾珍变通了一下。

红楼食具：水精之盘行素鳞

《红楼梦》中，贾府日常饮食、宴会中所使用的食具甚为讲究，很能体现贾府的“礼”和人的审美情趣、品位。红楼食具，材质基本上还是金、银、玉、玛瑙、翡翠、陶瓷等，仔细一看，能品出一种低调的奢华。贾宝玉的水晶缸让现今进入寻常百姓家的冰箱黯然失色；黛玉喝酒，用的是海棠冻石蕉叶杯，很能体现她的审美追求和酒量；宝玉还有个专门放器物的槅子，送荔枝给亲妹妹，要用缠丝白玛瑙碟子装，搭配起来好看；宝玉那装鼻烟用的盒子是金星玻璃的，还带西洋画，很是“吸睛”。

日常器具

平儿站在炕沿边，捧着小小的一个填漆茶盘，盘内一个小盖钟儿。（第六回）

家下仆妇们将带着行路的茶壶、茶杯、十锦屉盒、各样小食端来，凤姐等吃过茶，待他们收拾完备，便起身上车。（第十五回）

水晶缸

晴雯摇手笑道："……才刚鸳鸯送了好些果子来，都湃在那水晶缸里呢[1]，叫她们打发你吃。"（第三十一回）

【注释】

①湃：冰镇或用冷水浸。

缠丝白玛瑙碟子

袭人回至房中，拿碟子盛东西与史湘云送去，却见槅子上碟槽空着。因回头见晴雯、秋纹、麝月等都在一处做针黹，袭人问道："这一个缠丝白玛瑙碟子哪去了？"众人见问，都你看我，我看你，都想不起来。半日，晴雯笑道："给三姑娘送荔枝去的，还没送来呢。"袭人道："家常送东西的家伙也多，巴巴的拿这个去。"晴雯道："我何尝不也这样说。他说这个碟子配上鲜荔枝才好看。我送去，三姑娘见了也说好看，叫连碟子放着，就没带来。你再瞧，那槅子尽上头的一对联珠瓶还没收来呢。"（第三十七回）

海棠冻石蕉叶杯

黛玉放下钓竿，走至座间，拿起那乌银梅花自斟壶来，拣了一个小小的海棠冻石蕉叶杯。（第三十八回）

什锦攒心盒子

宝玉因说道："我有个主意。既没有外客，吃的东西也别定了样数，谁素日爱吃的拣样儿做几样。也不要按桌席，每人跟前摆一张高几，各人爱吃的东西一两样，再一个什锦攒心盒子，自斟壶，岂不别致！"（第四十回）

大荷叶式的翡翠盘子

李纨忙迎上去，笑道："老太太高兴，倒进来了。我只当还没梳头呢，才撷了菊花要送去。"一面说，一面碧月早捧过一个大荷叶式的翡翠盘子来，里面养着各色折枝菊花。贾母便拣了一朵大红的簪于鬓上。（第四十回）

史太君两宴大观园

未至池前，只见几个婆子手里都捧着一色捏丝戗金五彩大盒子走来。凤姐忙问王夫人早饭在哪里摆。

凤姐手里拿着西洋布手巾，裹着一把乌木三镶银箸，敁敠人位，按席摆下。贾母因说："把那一张小楠木桌子抬过来，让刘亲家近我这边坐着。"

那刘姥姥入了座，拿起箸来，沉甸甸的不伏手。原是凤姐和鸳鸯商议定了，单拿一双老年四棱象牙镶金的筷子与刘姥姥。刘姥姥见了，说道："这叉爬子比俺那里铁锨还沉，哪里犟得过它。”

贾母又说：“这会子又把哪个筷子拿了出来？又不请客摆大筵席。都是凤丫头支使的，还不换了呢！”地下的人原不曾预备这牙箸，本是凤姐和鸳鸯拿了来的，听如此说，忙收了过去，也照样换上一双乌木镶银的。刘姥姥道：“去了金的，又是银的，到底不及俺们那个伏手。”凤姐儿道：“菜里若有毒，这银子下去了就试得出来。”

这里凤姐儿已带着人摆设整齐，上面左右两张榻，榻上都铺着锦裀蓉簟，每一榻前有两张雕漆几，也有海棠式的，也有梅花式的，也有荷叶式的，也有葵花式的，也有方的，也有圆的，其式不一。一个上面放着炉瓶一分攒盒；一个上面空设着，预备放人所喜之食。上面二榻四几，是贾母、薛姨妈；下面一椅两几，是王夫人的，余者都是一椅一几。东边是刘姥姥，刘姥姥之下便是王夫人。西边便是史湘云，第二便是宝钗，第三便是黛玉，第四迎春、探春、惜春，挨次下去，宝玉在末。李纨、凤姐二人之几设于三层槛内，二层纱橱之外。攒盒式样，亦随几之式样。每人一把乌银洋錾自斟壶，一个十锦珐琅杯。

凤姐乃命丰儿：“到前面里间屋，书架子上有十个竹根套杯取来。”丰儿听了，答应着才要去，鸳鸯笑道：“我知道你这十个杯还小些。况且你才说是木头的，这会子又拿了竹根子的来，倒不好看。不如把我们那里的黄杨木根整抠的十个大套杯拿来，灌他十下子。”凤姐笑道：“更好了。”鸳鸯果命人取来。刘姥姥一看，又惊又喜：惊的是一连十个，挨次大小分下来的，那大的足小盆子大，第十个极小的还有手里的杯子大；喜的是雕镂奇绝，一色山水树木人物，并有草字图印记。（第四十回）

金镶双扣金星玻璃的扁盒

麝月果真去取了一个金镶双扣金星玻璃的一个扁盒来，递与宝玉。宝玉便揭翻盒扇，里面有西洋珐琅的黄发赤身女子，两肋又有肉翅，里面盛着些真正汪恰洋烟。晴雯只顾看画儿。

白粉定窑碟

于是袭人为先，端在唇上吃了一口，余依次下去，一一吃过，大家方团团坐定。小燕、四儿因炕沿坐不下，便端了两张椅子近炕放下。那四十个碟子，皆是一色白粉定窑的，不过只有小茶碟大，里面不过是山南海北，中原外国，或干或鲜，或水或陆，天下所有的酒馔果菜。